Labores auxiliares de obra

José Luís Cortabarra Gordillo

Isabel María Márquez Pérez

ic editorial

Labores auxiliares de obra

1ª Edición

Editado por: IC Editorial
c/ Cueva de Viera, 2, Local 3
Centro Negocios CADI
29200 Antequera (Málaga)
Teléfono: 952 70 60 04
Fax: 952 84 55 03
Correo electrónico: iceditorial@iceditorial.com
Internet: www.iceditorial.com

ISBN: 978-84-1184-824-4
Depósito Legal: MA 735-2025

Impresión: PODiPrint
Impreso en Andalucía – España

Nota de la editorial: IC Editorial pertenece a Innovación y Cualificación S. L.

Presentación del manual

El **Certificado de Profesionalidad** es el instrumento de acreditación, en el ámbito de la Administración laboral, de las cualificaciones profesionales del Catálogo Nacional de Cualificaciones Profesionales adquiridas a través de procesos formativos o del proceso de reconocimiento de la experiencia laboral y de vías no formales de formación.

El elemento mínimo acreditable es la **Unidad de Competencia.** La suma de las acreditaciones de las unidades de competencia conforma la acreditación de la competencia general.

Una **Unidad de Competencia** se define como una agrupación de tareas productivas específica que realiza el profesional. Las diferentes unidades de competencia de un certificado de profesionalidad conforman la **Competencia General,** definiendo el conjunto de conocimientos y capacidades que permiten el ejercicio de una actividad profesional determinada.

Cada **Unidad de Competencia** lleva asociado un **Módulo Formativo,** donde se describe la formación necesaria para adquirir esa **Unidad de Competencia,** pudiendo dividirse en **Unidades Formativas.**

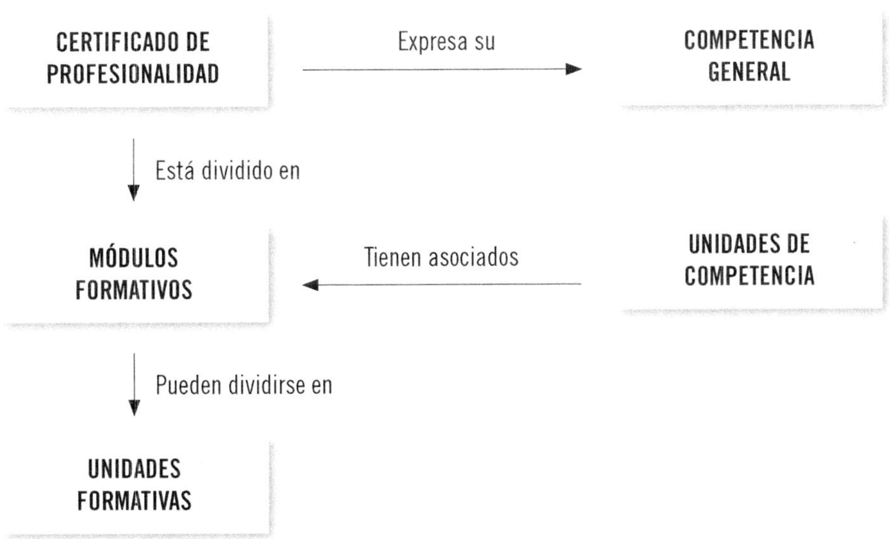

El presente manual desarrolla el Módulo Formativo **MF0276_1: Labores auxiliares de obra,**

asociado a la unidad de competencia **UC0276_1: Realizar trabajos auxiliares en obras de construcción,**

del Certificado de Profesionalidad **Operaciones auxiliares de revestimientos continuos en construcción.**

FICHA DE CERTIFICADO DE PROFESIONALIDAD

(EOCB0109) OPERACIONES AUXILIARES DE REVESTIMIENTOS CONTINUOS EN CONSTRUCCIÓN

(R. D. 644/2011, de 9 de mayo, modificado por el R. D. 615/2013, de 2 de agosto)

COMPETENCIA GENERAL: Preparar los soportes para realizar revestimientos con morteros, pastas y pinturas, ejecutar "a buena vista" enfoscados y guarnecidos, aplicar imprimaciones y pinturas protectoras, y realizar labores auxiliares en tajos de obra siguiendo las instrucciones técnicas recibidas y las prescripciones establecidas en materia de seguridad y salud.

Cualificación profesional de referencia	Unidades de competencia		Ocupaciones o puestos de trabajo relacionados:
EOC272_1 Operaciones auxiliares de revestimientos continuos en construcción (R. D. 872/2007, de 2 de julio)	UC0276_1	Realizar trabajos auxiliares en obras de construcción	• 9602.1013 Peón de la construcción de edificios • Ayudante de Albañil • Operario de Acabados • Ayudante de Pintor • Peón especializado
	UC0869_1	Elaborar pastas, morteros, adhesivos y hormigones	
	UC0871_1	Sanear y regularizar soportes para revestimiento en construcción	
	UC0872_1	Realizar enfoscados y guarnecidos "a buena vista"	
	UC0873_1	Aplicar imprimaciones y pinturas protectoras en construcción	

Correspondencia con el Catálogo Modular de Formación Profesional

Módulos certificado	Unidades formativas	Horas
MF0276_1: Labores auxiliares de obra		50
MF0869_1: Pastas, morteros, adhesivos y hormigones		30
MF0871_1: Tratamiento de soportes para revestimiento en construcción	UF0302: Proceso y preparación de equipos y medios en trabajos de albañilería	40
	UF0643: Preparación de soportes para revestir	60
MF0872_1: Enfoscados y guarnecidos "a buena vista"	UF0302: Proceso y preparación de equipos y medios en trabajos de albañilería	40
	UF0644: Ejecución de enfoscados y guarnecidos "a buena vista"	60
MF0873_1: Pintura y materiales de imprimación y protectores en construcción	UF0645: Proceso y preparación de equipos y medios en trabajos de pintura en construcción	40
	UF0646: Aplicación de pinturas e imprimaciones protectoras	80
MP0134: Módulo de prácticas profesionales no laborales		80

Índice

Capítulo 1

Acondicionamiento de tajos

Contenido

1. Introducción

A lo largo de este capítulo se desarrollarán las diversas funciones relacionadas con el acondicionamiento de los tajos de albañilería. Se verán los equipos y medios que habitualmente se usan en las labores del acondicionamiento de los tajos de albañilería, haciendo para ello especial hincapié en las medidas de protección y prevención de riesgos laborales, así como en la normativa vigente que rige las operaciones, medios y herramientas en albañilería.

En primer lugar, se estudiarán los procedimientos para la limpieza y el mantenimiento de los tajos, así como las herramientas y medios más usados.

Seguidamente, se describirán las labores para la instalación y retirada de los medios auxiliares y de protección colectiva, siempre desde el punto de vista de los trabajos de albañilería.

Para las operaciones de transporte y elevación de la carga, se verán los diferentes medios manuales y mecánicos.

Además, se relatarán los diferentes medios e instalaciones que de forma provisional se instalarán en las obras de construcción y que servirán principalmente para la protección de los trabajadores.

Por último, se dedicará un apartado a las diferentes señalizaciones que se podrán usar en construcción.

2. Limpieza, mantenimiento de tajos, evacuación de residuos

La limpieza y mantenimiento de tajos consiste en la retirada de los residuos que se van generando a medida que se desarrollan los trabajos de albañilería. Según la según la Ley 7/2022, de 8 de abril, de residuos y suelos contaminados para una economía circular, se podrá definir residuos como:

Cualquier sustancia u objeto que su poseedor deseche o tenga la intención o la obligación de desechar.

En la medida de lo posible, se tendrán disponibles en el tajo solo aquellos materiales que se vayan a usar. Eliminando los materiales innecesarios y clasificando las herramientas y los materiales útiles en las zonas más adecuadas, se obtendrán un aumento de la productividad y una mejora de la seguridad, de forma que se mantenga el tajo limpio y ordenado.

Respecto a esto, ya en el artículo 10 del Real Decreto 1627/1997, de 24 de octubre, por el que se establecen disposiciones mínimas de seguridad y de salud en las obras de construcción, se expone en uno de sus puntos, como un principio general aplicable durante la ejecución de la obra, el mantenimiento de la obra en buen estado de orden y limpieza.

Nota

Para la ejecución de las labores de limpieza, se dejará un espacio para la acumulación temporal de los residuos que, a posteriori, se retirarán.

2.1. Equipos

Los equipos para la limpieza y el mantenimiento de tajos consisten fundamentalmente en herramientas manuales. A continuación, se verán las herramientas más usadas en las labores de limpieza.

Batidera

Herramienta compuesta por una plancha de hierro con el corte hacia abajo y un astil muy largo. Se usa para batir o remover morteros, aunque también es empleado para arrastrar y amontonar desechos.

Batidera

Pala de recogida

Herramienta formada por una hoja cóncava y un mango. Se usa para excavar o recoger materiales.

Pala de recogida

Cepillo de barrido

Herramienta formada por cerdas distribuidas en un armazón, que posee un astil largo para facilitar su manejo. Se usa habitualmente para retirar las partículas de polvo, arena y, en general, diversos residuos de pequeño tamaño.

Cepillo de barrido

Carretilla

Carro pequeño de mano, normalmente con una sola rueda en la parte delantera, dos varas largas para dirigirlo y dos pies sobre los que descansa. Se usa en el caso de que sea necesario transportar los residuos al espacio reservado para la acumulación de desechos o bien al contenedor.

Carretilla

Espuerta

Tipo de cesta, habitualmente de caucho, con dos asas, que sirve para llevar, de una parte a otra, escombros, tierra u otras cosas semejantes.

Espuerta

Tolva de vertido de escombros

Consiste en una estructura formada por la unión de módulos de tubos que se anclan a los bordes del forjado (interiores o exteriores). Su función será la de desalojar los residuos por su interior hasta un contenedor o cuba donde se depositarán.

Tolva de vertido de escombros

Nota

Los tubos de la tolva podrán ser de diversos materiales, normalmente de acero o polietileno.

Además de estas herramientas, será imprescindible para las labores de limpieza y mantenimiento de tajos disponer de contenedores para el vertido y almacenaje temporal de los residuos.

Contenedor para el vertido y almacenaje temporal de residuos

Durante el uso de las tolvas y estos contenedores para el vertido y almacenaje temporal de los residuos, como medidas preventivas, se deben cumplir una serie de normas generales, normas de uso y mantenimiento:

- No rebasar la capacidad del contenedor.
- Cubrir con lonas el espacio entre la salida de los residuos y el contenedor.
- Absolutamente prohibido verter escombros directamente, sin el uso de la tolva.
- Comprobar a diario el perfecto estado de la estructura de módulos que componen la canalización.
- Fragmentar los escombros y residuos que sean de gran tamaño, para no producir daños en la estructura de la tolva y evitar escapes de escombros y residuos.
- Proteger por medio de vallas de protección alrededor de la zona de contenedores por la cual se va a producir la caída de los escombros y residuos.

Importante

Doce horas antes de iniciar los trabajos de albañilería, la superficie donde se realizarán los trabajos deberá ser limpiada con agua, aunque no podrá presentar charcos o acumulaciones.

2.2. Tipos de residuos. Evacuación

Según la Ley 7/2022, de 8 de abril, de residuos y suelos contaminados para una economía circular, se podrá definir residuo de construcción o demolición como:

Residuos generados por las actividades de construcción y demolición.

Los desechos que se generan en la realización de trabajos de albañilería van a poder clasificarse en:

- Asimilables a residuos domésticos: papel, cartón, envases de productos no tóxicos, trapos, herramientas viejas, etcétera.
- Tierras, escombros y residuos inertes de construcción y demolición: tierras y escombros, vidrio de ventanas, restos de morteros y yesos, encofrados, palés, tablones y listones, restos plásticos, restos de aislantes inertes, etcétera.
- Residuos peligrosos: adhesivos, combustibles, envases de productos tóxicos, etcétera.

Evacuación

Para poder conocer cómo evacuar los residuos, será necesario diferenciar entre obras menores y obras de construcción y demolición.

Obra menor

Según el Real Decreto 105/2008, de 1 de febrero, se considerará obra menor a aquella:

> *Obra de construcción o demolición en un domicilio particular, comercio, oficina o inmueble del sector servicios, de sencilla técnica y escasa entidad constructiva y económica, que no suponga alteración del volumen, del uso, de las instalaciones de uso común o del número de viviendas y locales, y que no precisa de proyecto firmado por profesionales titulados.*

Los residuos generados en este tipo de obras se considerarán a efectos legales como residuos domésticos y serán gestionados como tal en base a la Ley 7/2022, de 8 de abril, de residuos y suelos contaminados para una economía circular.

Obra de construcción o demolición

Además de cumplir con la legislación vigente en gestión de residuos, los productores de residuos de las obras de construcción o demolición deberán cumplir las siguientes obligaciones:

1. Incluir en el proyecto de ejecución de la obra un estudio de gestión de residuos de construcción y demolición.
2. En las obras de demolición, rehabilitación, reparación o reforma, se deberá hacer un inventario de los residuos peligrosos que se vayan a generar.
3. Disponer de la documentación que acredite que los residuos producidos son gestionados adecuadamente.
4. En las obras sometidas a licencia urbanística, constituir, en base a la legislación de las Comunidades Autónomas, la fianza o garantía financiera que asegure el cumplimiento de los requisitos en materia de gestión de residuos de construcción o demolición, en aquellos casos en los que sea procedente.

Nota

Las disposiciones mínimas que han de recoger los estudios de gestión de residuos de construcción y demolición están recogidas en el artículo 4 del Real Decreto 105/2008.

Además de estas obligaciones, para la retirada de los residuos, los poseedores de residuos de construcción y demolición, cuando no proceda la gestión por sí mismos, estarán obligados a entregarlos a un gestor de residuos o participar en un acuerdo para la gestión de los mismos.

Definición

Poseedor de residuos de construcción y demolición
Persona física o jurídica que tenga en su poder residuos de construcción o demolición y no tenga la condición de gestor de residuos.

Los residuos de construcción y demolición se destinarán, preferentemente y por este orden, a operaciones de reutilización, reciclado o a otras formas de valorización.

Aplicación práctica

Juan se encuentra realizando un tramo de fábricas de albañilería en la segunda planta de una construcción. Una vez acabadas las labores del día, se dispone a acondicionar el

Continúa en página siguiente >>

<< Viene de página anterior

lugar de trabajo para la jornada próxima. En el lugar donde ha de empezar el siguiente tramo, encuentra restos de ladrillos y otros deshechos. ¿Qué medio será el más apropiado para que Juan deposite los desechos en el contenedor?

SOLUCIÓN

Para la retirada de los residuos, Juan debería, en primer lugar, recogerlos en una espuerta y, a continuación, desecharlos por la tolva de escombros, de forma que lleguen directamente al contenedor.

---

3. Instalación y retirada de medios auxiliares y de protección colectiva

Los medios auxiliares consistirán en escaleras y andamios, en sus diferentes formas, que se instalarán o se retirarán dependiendo las necesidades del tajo.

Los medios de protección colectiva consistirán en las barandillas de seguridad, que se colocarán en bordes y huecos y que servirán para impedir o limitar la caída de personas y materiales desde altura.

Los andamios de fachada o multidireccionales actuarán como medios auxiliares y como medios de protección colectiva.

Nota

Además, estos andamios se podrán cubrir con una lona o red con dimensiones respecto a la fachada, evitando de esta forma la caída de materiales y de personas al exterior.

Tanto los medios auxiliares como los equipos de protección colectiva estarán regidos por la siguiente normativa:

- Ley 31/1995, de 8 de noviembre, de Prevención de Riesgos Laborales, para las medidas de protección colectivas.
- Real Decreto 1215/1997, de 18 de julio, por el que se establecen las disposiciones mínimas de seguridad y salud para la utilización por los trabajadores de los equipos de trabajo, en materia de trabajos temporales en altura.
- Real Decreto 39/1997, de 17 de enero, por el que se aprueba el Reglamento de los servicios de prevención, y el Real Decreto 1627/1997, de 24 de octubre, por el que se establecen las disposiciones mínimas de seguridad y salud en las obras de construcción, para el caso de los medios auxiliares.

3.1. Método de instalación y desinstalación de medios auxiliares

Para la instalación y desinstalación de estos elementos, se deberán tener en cuenta una serie de consideraciones específicas para cada uno de ellos. Tanto andamios como escaleras estarán sujetos a las especificaciones de las normas UNE y todos ellos deberán contar con las correspondientes instrucciones de montaje.

Nota

Las siglas UNE significan Una Norma Española. Se trata de un conjunto de normas técnicas creadas por diferentes comités técnicos de estandarización.

Escaleras

El uso de las mismas estará regido por el Real Decreto 1215/1997, de 18 de julio, aplicable a trabajos con escaleras de mano, andamios y trabajos verticales. En este Real Decreto hace constar que para que no existan peligros y para asegurar el nivel perfecto de seguridad, las escaleras de mano tienen que hallarse conformes a las Normas EN-131-1:2016+A1:2020.

- En primer lugar, se deberá comprobar que la escalera es adecuada para la tarea que se va a realizar.
- Los puntos de apoyo de las escaleras han de asentarse sobre un soporte (suelo, paredes, etcétera) sólido y estable, que presente las medidas adecuadas, que sea resistente y permanezca inmóvil.
- Las escaleras de mano simples se deberán colocar formando un ángulo aproximado de 75º con el plano horizontal.
- Las escaleras de tijera deberán usarse siempre abiertas completamente.
- Las escaleras compuestas de varios elementos adaptables o extensibles deberán usarse de forma que se asegure que los distintos elementos que las componen están a su vez inmovilizados.
- Los dispositivos de bloqueo de las escaleras deberán estar completamente asegurados.
- Para aquellas escaleras que posean ruedas, se deberá asegurar la inmovilización de las mismas antes de acceder a la escalera.
- Las escaleras de mano para fines de acceso deberán sobresalir como mínimo un metro del plano de trabajo al que se va a acceder.
- Las escaleras suspendidas se fijarán de forma segura y evitando los balanceos, a excepción de las escaleras de cuerda.

Nota

En todo caso, los peldaños deben quedar siempre en posición horizontal.

Para ascender o descender de las escaleras siempre habrá que situarse de frente a las mismas, nunca de espaldas.

Las escaleras deberán estar perfectamente apoyadas sobre la superficie para poder efectuar los trabajos.

Importante

En todo momento, se deberán mantener al menos 3 puntos de apoyo con la escalera.

Para aquellos trabajos que se realicen a más de 3,5 m de altura, el trabajador deberá disponer también de un equipo de protección individual anticaída, como por ejemplo un arnés de seguridad, o, en todo caso, disponer de otro medio de protección.

En ningún caso se podrán transportar herramientas o materiales en las manos cuando se esté ascendiendo o descendiendo por la escalera. Tampoco se podrán transportar o manipular cargas por o desde las escaleras cuando sus dimensiones comprometan la seguridad.

Andamios

El uso de andamios, desde el punto de vista de la seguridad en la construcción, es de gran importancia. Por este motivo, se establecen unos requisitos de comportamiento para los andamios en la Norma UNE-EN 12810-1:2015.

A continuación, se verá la instalación de los diferentes tipos de andamios que se pueden usar en tajos de albañilería.

Nota

Las plataformas en los andamios, para trabajar correctamente, tendrán que ser de una anchura mínima de 60 cm.

Andamio multidireccional

Las piezas que componen un andamio son: husillo con placa, diagonal, larguero, barandilla, barandilla esquinal, marco, plataforma, plataforma con trampilla, rodapié, suplemento de barandilla y pie de barandilla.

Para la instalación del andamio, habrá que seguir las siguientes indicaciones:

1. Se comenzará con la instalación de los husillos con placa, para lo que deberá estar el terreno debidamente acondicionado. En la colocación de los mismos, se comenzará por el lugar del terreno que esté más alto y se finalizará por el más bajo, para la nivelación.
2. A continuación, se introduce el soporte de iniciación en los husillos con placa y se coloca la plataforma en los soportes de iniciación.
3. Posteriormente, se inserta el marco en los husillos con placa y se coloca la diagonal con abrazadera en el ensamble.

4. Seguidamente, se colocan los arriostramientos horizontales y diagonales para mantener la verticalidad del andamio.
5. A continuación, se colocan las barandillas y se posiciona el siguiente suplemento. Continuar colocando las barandillas y seguir el encadenado del andamio.
6. Se colocará la plataforma en el nivel superior, situándose sobre la plataforma inferior. Habrá que tener en cuenta que se debe colocar la escalera de acceso a la plataforma con trampilla en el lado de enganche de la diagonal.
7. A continuación, se monta el encadenado del andamio. Para ello, se deberá comprobar que la separación de la fachada está de acuerdo con las cotas indicadas en el proyecto. En ningún caso deberá superar la separación de 30 cm.
8. Una vez se ha instalado el primer cuerpo del andamio, se debe comprobar con un nivel de burbuja la nivelación vertical y horizontal, rectificando los desniveles mediante los husillos.
9. Seguidamente, se procede a la nivelación horizontal de las barandillas, se instala la escalera de acceso al nivel superior en la plataforma de trabajo provista de trampilla y se sigue montando el encadenado del andamio hasta llegar a la cota de altura máxima prevista.
10. Por último, se colocan los pasadores de seguridad en todos los niveles del andamio y las barandillas esquinales. Se colocan también, en la parte superior final del andamio, los montantes y el encadenado de las barandillas. Para finalizar, se colocan los pasamanos, barras intermedias y rodapiés.

Habrá que tener en cuenta que los andamios deben montarse sobre una superficie debidamente plana y compactada.

Andamio multidireccional

De no ser así, se montarán sobre tablas o tablones planos de reparto que deberán estar claveteados a la base de apoyo del andamio.

Consejo

Como tarea previa al montaje del andamio será necesario acotar la zona de trabajo colocando la adecuada señalización, vallas, cintas de señalización...

Los amarres del andamio a la fachada se realizarán cuando se alcance la cota máxima prevista en el proyecto. Los amarres deberán ser capaces de soportar todas las cargas que se realicen. De modo general, se podrá colocar un amarre por cada 24 m^2 cuando el andamio está dotado de red y cada 12 m^2 cuando no haya red.

Importante

Nunca se deberán apoyar los andamios sobre ladrillos, bovedillas, etc.

Andamio de marco

Los andamios de marco se instalarán cumpliendo la siguiente secuencia:

1. Instalación de los marcos.
2. Instalación de las barandillas, plataformas y diagonales.
3. A continuación, se nivela el módulo.
4. Por último, se fijan y aseguran las uniones.

De este modo, se continúa con la colocación de los diferentes niveles, contando siempre con la protección de la barandilla de montaje.

Estos andamios pueden estar dotados de ruedas, que podrán ser de goma o hierro dependiendo de la superficie. En este caso, habrá que tener en cuenta el peso máximo que podrán soportar.

Andamio de marco

Nota

Para el caso de las ruedas de goma, este peso máximo será de 250 kg y, para las de hierro, de 800 kg.

Andamio de plataforma colgante

Los andamios de plataforma colgante están formadas por: pescantes, contrapesos, cables de sustentación, aparejos y mecanismo de izado y descenso, barquilla y componentes de seguridad.

Según la NTP 530 del Instituto Nacional de Seguridad y Salud en el Trabajo, define los andamios colgados móviles como construcciones auxiliares suspendidas de cables o sirgas, que se desplazan verticalmente por las fachadas mediante un mecanismo de elevación y descenso accionado manualmente; se utilizan para la realización de numerosos trabajos en altura de cerramientos de fachadas de edificios, revocados, etc., así como reparaciones diversas en trabajos de rehabilitación de edificios.

La normativa vigente que detalla los requisitos de los andamios colgantes es la UNE-EN 1808:2016.

Para el montaje de estos andamios, se ejecutarán los siguientes pasos:

1. En primer lugar, hay que asegurarse de que la estructura del edificio es segura y permite la instalación de este tipo de andamios.
2. La estructura del andamio se sustentará sobre pescantes (vigas de acero) que deberán estar anclados al edificio o, en su defecto, estar sujetos mediante contrapesos.
3. Los cables de sustentación deben quedar verticales, colocándolos en los mecanismos de izado y descenso, sosteniendo la barquilla de forma completamente horizontal.
4. Por último, se colocan las barandillas de seguridad.

Andamio colgante

Borriquetas o caballetes

Las borriquetas o caballetes son elementos para realizar trabajos en momentos puntuales en alturas, habitualmente inferiores.

Consisten en armazones simples que se colocan cada 3,5 m, como máximo, en paralelo, sobre los que se colocan listones de madera. En caso necesario, para longitudes de más de 3,5 m se utilizarán tres borriquetas o caballetes.

Dentro de esta categoría, se podrán encontrar también las borriquetas verticales, que poseen la ventaja de ser graduables en altura hasta los 3 m. Además, su estructura estará formada por una plataforma en lugar de por listones de madera.

Nota

Los listones de madera deberán tener un grosor mínimo de 7 cm y estos tendrán que estar unidos entre sí.

Borriqueta y caballete regulable en altura

Sabía que...

Estos caballetes o borriquetas se usan generalmente para trabajos de albañilería en interiores.

El desmontaje de todos estos medios auxiliares se realizará siguiendo en todo caso el procedimiento inverso al de montaje.

Importante

Durante el montaje y el desmontaje, todos los trabajadores deberán usar medidas de protección individual, como pueden ser arneses y líneas de vida.

3.2. Métodos de instalación y desinstalación de medios de protección colectiva

En este apartado, se tratarán fundamentalmente las barandillas como medio de protección colectiva, a pesar de que, como ya se ha visto, los andamios multidireccionales pueden ejercer también estas funciones. Estos elementos también estarán sujetos a las correspondientes normas UNE de estandarización y a la Ley de Prevención de Riesgos Laborales.

Barandillas

Las barandillas constituyen una medida de protección colectiva que consiste fundamentalmente en la protección de los bordes y huecos. La norma que contiene la información del sistema temporal de protección de borde en forjados es UNE-EN 13374:2013+A1:2019.

Nota

Antes de instalar las barandillas, hay que realizar un replanteo, intentando colocar los postes lo más cerca posible de los pilares.

Las barandillas podrán ser de diferentes tipos. No obstante, existen una serie de partes comunes a la mayoría de ellas; estas se describen a continuación.

Poste

Consiste en el elemento vertical rígido que se encuentra anclado a la superficie en el borde de la zona a proteger. Sobre este poste, se colocarán el resto de los elementos que constituyen la barandilla.

La altura de este poste será la suficiente para que asegure una altura de al menos 1 m con la superficie donde se anclará.

La longitud de la misma va a variar dependiendo de la zona que deba proteger, pero se recomienda que no sobrepase una longitud de 2,5 m.

En su parte inferior, el poste estará fijado a cartuchos de PVC o casquillos metálicos.

Barandilla principal

Se trata del elemento o parte superior de la barandilla. Este elemento se colocará en los postes, debiendo tener una altura mínima con el borde de la superficie a proteger de 1 m.

Plinto o rodapié

Consiste en el elemento rígido de la barandilla que va colocado a nivel del suelo.

Su borde superior deberá estar al menos 150 mm por encima de la superficie de trabajo.

Barandilla intermedia

Esta parte de la barandilla constituye el elemento intermedio entre la barandilla principal y el plinto o rodapié. Su función será impedir el paso de trabajadores u objetos.

Las barandillas intermedias pueden ser:

- Metálicas: consisten en tubos de acero huecos con anillas externas (asas) que ayudarán en la fijación al poste.
- De madera: consisten en tablones de 3 cm de espesor, convenientemente revisados y sin pintar.

Partes de la barandilla por sistema fijado al suelo

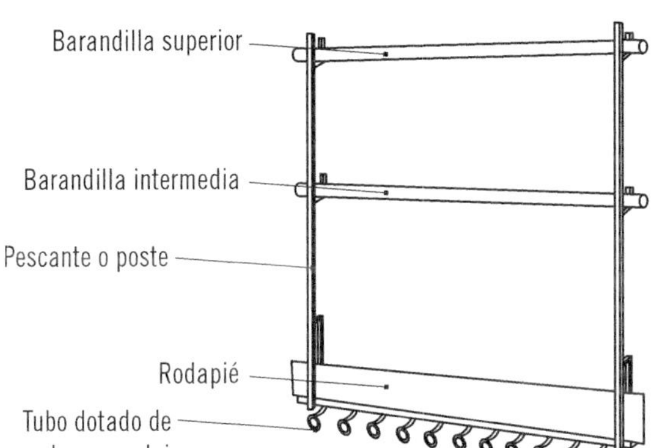

Nota

La fijación al poste deberá realizarse por el tubo de mayor sección.

Procedimiento de instalación del sistema fijado al suelo

En el procedimiento de instalación de la barandilla, habrá que tener en cuenta en primer lugar el sistema de anclado al suelo, ya que este puede consistir en cartuchos de PVC o casquillos.

La instalación de los cartuchos de PVC y casquillos metálicos se realizará del siguiente modo:

1. Se aseguran los tapones de los cartuchos, para que no se suelten o pueda penetrar hormigón en ellos.
2. Los cartuchos se introducen en posición vertical sobre el hormigón, cuando esté aún fresco.
3. Se han de introducir totalmente en el hormigón, de manera que queden enrasados con el tope.

Nota

La distancia de separación entre cartuchos ha de ser de 2,20 o 2,30 m.

Para la colocación de los postes, estos se introducen en posición vertical en los cartuchos o casquillos y, acto seguido, se montan las barandillas y el plinto o rodapié sobre las escuadras del poste.

Sistema de mordaza para forjados (sargentos)

La principal diferencia con el sistema anterior es que, con este sistema, el poste (que es un tubo de acero cuadrado) se ancla directamente al forjado mediante una mordaza o pinza a modo de gato.

Esta mordaza es regulable, de modo que se podrá adaptar a los distintos cantos del forjado. En la parte superior de la mordaza, se colocará una tabla para evitar que la mordaza resbale. Se tendrán en cuenta las siguientes especificaciones durante el montaje:

- El poste debe quedar en posición vertical sobre los planos de apoyo.
- Los elementos horizontales estarán apoyados y sujetos a los postes.

Para el desmontaje, se deberá seguir el procedimiento inverso al de su montaje.

Importante

El desmontaje no se realizará hasta que la zona a proteger sea totalmente segura y se impida cualquier accidente por caída de altura, bien por el uso de otro tipo de protección colectiva o por la ejecución total de algún medio constructivo.

Marquesinas de seguridad

Consisten en un medio de protección colectiva que resguarda tanto a trabajadores como a peatones que se encuentren en el exterior de los edificios. Estas marquesinas retienen la caída de materiales, cascotes u cualquier otro objeto que pueda precipitarse contra el suelo.

La instalación de las mismas se basará en la colocación de soportes de mordaza con un brazo voladizo de 2,5 m que se fijarán a la estructura del edificio.

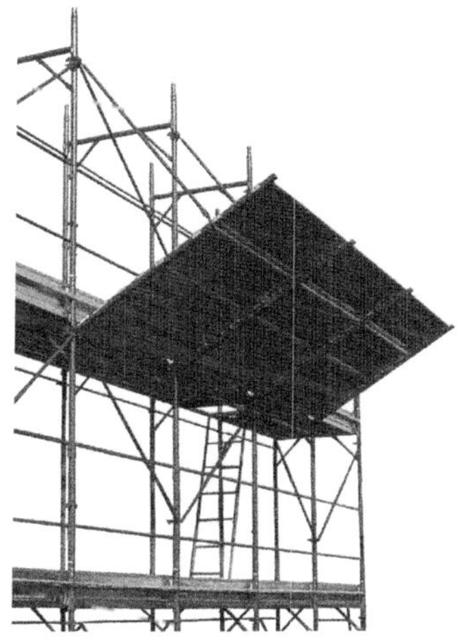

Marquesina de seguridad

Nota

Estos soportes deberán estar separados entre sí a una distancia máxima de 2 m y serán recubiertos por chapa o madera.

Otros medios de protección colectiva

Dentro de otros sistemas de protección colectiva, se pueden encontrar las líneas de vida, que consisten en un sistema compuesto por un cable o raíl que se fijará a la pared o estructura mediante anclajes. Este sistema contiene una pieza corredera denominada carro, al que se fija el sistema anticaídas que llevará puesto cada trabajador, dotando así a los mismos de una gran libertad de movimientos.

Línea de vida horizontal

Todos los sistemas de líneas de vida estarán conformes a las normas UNE-EN 795:2012 y UNE-EN 353-1:2014+A1:2017.

Nota

Existen tres tipos de líneas de vida: las horizontales, las verticales y las oblicuas.

Otros medios de protección colectiva en las obras de construcción son las redes de seguridad y los mallazos. Aunque su uso está destinado principalmente a otros trabajos, como los encofrados, que no se encuentran dentro del ámbito de la albañilería, su importancia y la frecuencia de su uso en las obras de construcción para la prevención de caídas hacen obligatoria su mención en este apartado.

Las redes de seguridad constituyen un dispositivo de seguridad que se usa para evitar o disminuir las consecuencias de las caídas de personas a distinto nivel. Su uso principal será en fachadas o espacios entre pilares. Los mallazos cumplirán la misma función que las redes de seguridad, pero se usan para la protección de huecos interiores.

Para todos los componentes de un sistema de red de seguridad, donde se establecen sus términos y condiciones, se detallan en las normas UNE-EN 1263-1:2018 y UNE 81652:2013. Además podemos encontrar los tipos de red, sus características y recomendaciones generales, en la guía de buenas prácticas NTP-124.

4. Recomendaciones de descarga, transporte y depósito, códigos y símbolos

Las recomendaciones para la descarga, transporte y depósito están regidas por los Reales Decretos 485/1997, de 14 de abril, sobre disposiciones mínimas en materia de señalización de seguridad y salud en el trabajo, y 486/1997, de 14 de abril, por el que se establecen las disposiciones mínimas de seguridad y salud en los lugares de trabajo, además de por el Real Decreto 1215/1997, de 18 de julio, por el que se establecen las disposiciones mínimas de seguridad y salud para la utilización por los trabajadores de los equipos de trabajo, en materia de trabajos temporales en altura y por la Ley 31/1995 de 8 de noviembre de Prevención de Riesgos Laborales.

En primer lugar, se procederá a elegir la zona de carga y descarga dentro de la zona en obras. Este lugar deberá encontrarse lo más próximo posible del lugar de depósito y ha de estar habilitado para que los medios mecánicos puedan acceder sin riesgo de efectuar maniobras peligrosas. Para llevar a cabo una buena elección de estas zonas de carga y descarga, existen unas recomendaciones que podrán ayudar a elegir correctamente las zonas donde se van a realizar estos trabajos; se pueden encontrar a través de unas guías de buenas prácticas, en las NTP-434 y 435.

Para la entrada y salida de vehículos, se deberá disponer de puertas de acceso y salida independientes de la entrada y salida del personal. Además, estas puertas deberán tener una anchura mínima de 4 m y disponer de un portón.

Importante

Los cables que atraviesen las puertas de entrada y salida de vehículos deberán encontrarse suspendidos a una altura mínima de 5 m.

Esta entrada o salida deberá estar debidamente señalizada. Las zonas de carga y descarga deberán estar dotadas de la siguiente señalización:

Señales de salvamento y socorro	
Peligro	
Prohibido aparcar en la zona de entrada de vehículos	
Peligro: zona de carga y descarga	
Prohibido el paso a personas	

Continúa en página siguiente >>

<< Viene de página anterior

Señales de salvamento y socorro	
Peligro: entrada y salida de camiones	
Peligro: carga suspendida	
Prohibido situarse debajo de la carga	
Prohibido permanecer debajo de la carga	
Peligro: vehículos de manutención	
Peligro: maquinaria pesada en movimiento	

Además de estas señalizaciones, si la zona de carga y descarga parte de una vía urbana, deberá estar vallada y poseer señalizaciones de advertencia y peligro.

Durante el proceso de descarga, transporte y depósito, se guiará a las personas que estén realizando maniobras mediante señales verbales y señalizaciones gestuales precisas, simples, fáciles de realizar y comprender y claramente distinguibles, con movimientos de los brazos o de las manos en forma codificada y también para avisar del riesgo o peligro a los trabajadores.

Código de símbolos del Real Decreto 485/1997, de 14 de abril, sobre disposiciones mínimas en materia de señalización de seguridad y salud en el trabajo

Significado	Descripción	Ilustración
Comienzo: atención toma de mando.	Los dos brazos extendidos de forma horizontal, las palmas de las manos hacia adelante.	
Alto: interrupción o fin de movimiento.	El brazo derecho extendido hacia arriba, la palma de la mano derecha hacia adelante.	
Fin de las operaciones.	Las dos manos juntas a la altura del pecho.	
Izar.	Brazo derecho extendido hacia arriba, la palma de la mano derecha hacia adelante, describiendo lentamente un círculo.	
Bajar.	Brazo derecho extendido hacia abajo, palma de la mano derecha hacia el interior, describiendo lentamente un círculo.	
Distancia vertical.	Las manos indican la distancia.	
Avanzar.	Los dos brazos doblados, las palmas de las manos hacia el interior, los antebrazos se mueven lentamente hacia el cuerpo.	

Continúa en página siguiente >>

<< Viene de página anterior

Código de símbolos del Real Decreto 485/1997, de 14 de abril, sobre disposiciones mínimas en materia de señalización de seguridad y salud en el trabajo

Significado	Descripción	Ilustración
Retroceder.	Los dos brazos doblados, las palmas de las manos hacia el exterior, los antebrazos se mueven lentamente, alejándose del cuerpo.	
Hacia la derecha (dirección respecto al encargado de las señales).	El brazo derecho extendido más o menos en horizontal, la palma de la mano derecha hacia abajo, hace pequeños movimientos indicando la dirección.	
Hacia la izquierda (dirección respecto al encargado de las señales).	El brazo izquierdo extendido más o menos en horizontal, la palma de la mano izquierda hacia abajo, hace pequeños movimientos lentos indicando la dirección.	
Distancia horizontal.	Las manos indican la distancia.	
Peligro: alto o parada de emergencia.	Los dos brazos extendidos hacia arriba, las palmas de las manos hacia adelante.	
Rápido.	Los gestos codificados referidos a los movimientos se hacen con rapidez.	
Lento.	Los gestos codificados referidos a los movimientos se hacen muy lentamente.	

Nota

Las personas que realicen estas señales deberán estar identificadas con chaqueta, manguitos, brazal o casco de colores vivos.

5. Transporte de cargas en obras

Existen dos posibilidades para el transporte de cargas en obras, la primera de ella es el transporte manual de las mismas y la segunda consiste en transportar la carga mediante medios mecánicos.

5.1. Medios manuales

Por carga manual se entienden aquellas operaciones en las que interviene el esfuerzo físico de uno o varios trabajadores.

A efectos de la normativa legal vigente, la manipulación de cargas manuales está regulada por el Real Decreto 487/1997 de 14 de abril, por el que se establecen las disposiciones mínimas de seguridad y salud relativas a la manipulación manual de cargas que entrañe riesgos, en particular dorsolumbares, para los trabajadores. Con el objetivo de mejorar y evitar lesiones, se pueden seguir una serie de recomendaciones para el manejo y levantamiento manual de cargas, en la NTP-477, que pueden guiar a la hora de llevar a cabo unas buenas prácticas.

En este Real Decreto, se establece que la manipulación manual de toda carga que pese más de 3 kg puede suponer un riesgo no tolerable, si la manipulación se realiza en condiciones ergonómicas desfavorables.

Nota

Aunque se considera también que las cargas menores de 3 kg pueden suponer riesgos para la salud de los trabajadores si su manipulación se basa en movimientos repetitivos, estas no se consideran riesgo potencial en este Real Decreto.

Las condiciones ergonómicas adecuadas para el transporte manual de cargas son las basadas en las siguientes recomendaciones:

- Para levantar la carga:
  - Se colocarán los pies tan cerca de la carga como sea posible.
  - Para recogerla, habrá que flexionar las rodillas al agacharse, manteniendo en todo momento la espalda recta.
  - La carga se agarrará usando las palmas de las manos y la base de los dedos.
  - Se levantará la carga manteniendo en todo momento la espalda recta y los brazos pegados al cuerpo.
- Para el transporte de la carga:
  - Se mantendrá el cuerpo erguido y derecho.
  - Se transportará la carga simétricamente.
  - Se transportará andando a pasos cortos.
  - La carga siempre estará lo más pegada posible al cuerpo.
  - En la medida de lo posible, se usarán medios auxiliares, como palancas, correas, etc.
  - Si la carga es transportada por varios trabajadores, habrá un director o responsable de guiar la maniobra.
- El depósito de la carga se realizará de forma inversa a la maniobra de levantamiento.

5.2. Medios mecánicos

El uso de medios mecánicos en la manipulación de obras está regulado en base al Real Decreto 1215/1997, de 18 de julio, por el que se establecen las disposiciones mínimas de seguridad y salud para la utilización por los trabajadores de los equipos de trabajo.

Para la manipulación de cargas con medios mecánicos se podrán usar montacargas y carretillas.

Los montacargas se usarán fundamentalmente para el transporte de materiales entre distintos niveles. Estos montacargas están compuestos por guías de desplazamiento y una estructura metálica suspendida por un cable. El montacargas se acciona mediante un cabestrante que se encuentra en la propia estructura metálica.

Importante

Como medida de seguridad, el montacargas estará protegido mediante la señalización del perímetro y, en ningún caso, la carga deberá sobresalir de la estructura metálica.

Las carretillas consisten en un medio de transporte de la carga que puede transportar desde cargas paletizadas hasta bidones. Para transportar la carga en carretillas, hay que tener en consideración que la carga se transportará lo más baja posible, avanzando a una velocidad uniforme y evitando movimientos bruscos.

6. Elevación de cargas en obras

La elevación de cargas en las obras podrá efectuarse de dos formas, bien podrá ser elevación manual de las cargas, bien se podrá realizar por medios mecánicos. En ambos casos, se deberán tener en consideración las siguientes indicaciones:

- La elevación se realizará de forma lenta, evitando movimientos bruscos y siempre en sentido vertical.
- Se evitará el transporte de cargas por encima de los puestos de trabajo.

Importante

En ningún caso se dejarán las cargas suspendidas en alto y quedará totalmente prohibido el transporte de personas sobre las cargas o en los ganchos.

6.1. Medios manuales

Como medios manuales para el transporte de las cargas, se pueden encontrar los aparejos manuales o poleas. Estos mecanismos elevan las cargas mediante el esfuerzo físico. Para la elevación, se podrán usar medios como cuerdas, cables o cadenas, que llevarán en el extremo que va a sujetar la carga un gancho, que facilitará la sujcción de la misma, dotado de un pestillo de seguridad que evitará que la carga se suelte. Este cable o cuerda pasará por una polea y del otro extremo de la cuerda, cable o cadena, se encontrarán los trabajadores que elevarán la carga mediante su esfuerzo.

6.2. Medios mecánicos

Como medio mecánico para la elevación de la carga se usan principalmente grúas.

Las grúas pueden ser de diversos tipos, sin embargo, fundamentalmente se pueden definir como un aparato formado por una torre vertical y un brazo giratorio horizontal, del que quedará suspendido a través de un cable un gancho. El brazo giratorio está formado por dos partes: la flecha, que es el extremo de mayor longitud, y la contraflecha. La grúa incluye un carro, que se desplaza a través de la flecha, un lastre y un contrapeso.

Nota

Las normativa que regula el uso de las grúas, así como las diferentes normas UNE que estos aparatos deben cumplir para su funcionamiento, se encuentra recogida en el Real Decreto 837/2003, de 27 de junio, por el que se aprueba el nuevo texto modificado y refundido de la Instrucción técnica complementaria MIE-AEM-4 del Reglamento de aparatos de elevación y manutención, referente a grúas móviles autopropulsadas.

La grúa siempre ha de estar guiada por trabajadores especializados y acreditados con el carné de gruista u operador de grúa-torre. Estos trabajadores deberán siempre situarse en un lugar seguro desde el que tengan completa visibilidad para la realización de las operaciones, así como recibir las órdenes a través de las señalizaciones que podrán recibir por parte de los trabajadores auxiliares.

El tipo de amarre de las cargas a la grúa dependerá tanto de la eslinga como de la carga.

Consejo

Se seguirán en todo caso las recomendaciones del fabricante de las eslingas, ya que, dependiendo de cómo se coloquen, la capacidad de carga de las mismas variará.

En cuanto a las características de las cargas, se deberán tener en cuenta las siguientes recomendaciones:

- Los tubos deben apilarse en capas separadas y contra el deslizamiento.
- Los materiales a granel se llevarán en contenedores o jaulas.
- Los contendores no deben llenarse por encima de su borde.
- Las cargas paletizadas deben estar sujetas por un empacado y se elevarán con pinzas.
- Para las cargas alargadas o viguetas, se usarán horquillas metálicas.
- Las cargas se colocarán siempre equilibradas y niveladas y de forma que las eslingas no se crucen.

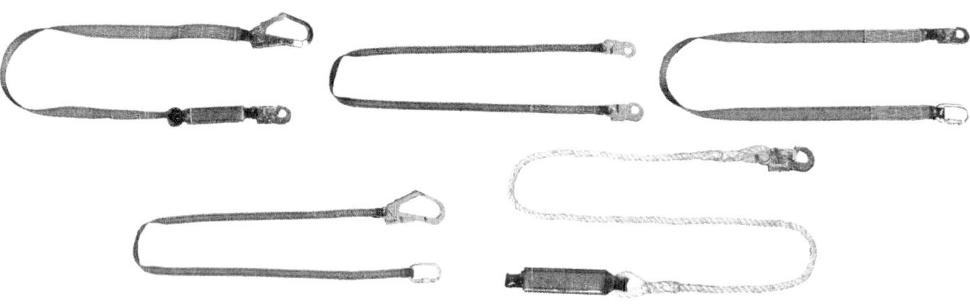

Diferentes tipos de eslingas

6.3. Aplicación práctica

Miguel debe indicar mediante señales gestuales a su compañero, que es el encargado de la grúa, que transporte los materiales que ya tiene debidamente sujetos hacia la derecha durante una distancia de 20 m y los deposite ¿Qué señales gestuales deberá realizar Miguel?

Solución

Maniobra de comienzo: atención toma de mando. Se colocará con los dos brazos extendidos de forma horizontal, con las palmas de las manos hacia delante.

Izar: brazo derecho extendido hacia arriba, la palma de la mano derecha hacia adelante, describiendo lentamente un círculo.

Hacia la derecha: el brazo derecho extendido más o menos en horizontal, la palma de la mano derecha hacia abajo, hace pequeños movimientos indicando la dirección, durante el recorrido de 20 m.

Alto: una vez haya llegado al punto de bajada, el brazo derecho extendido hacia arriba, la palma de la mano derecha hacia delante.

Bajar: brazo derecho extendido hacia abajo, palma de la mano derecha hacia el interior, describiendo lentamente un círculo.

Fin de las operaciones: se colocará con las dos manos juntas a la altura del pecho.

7. Equipos para el acondicionamiento y abastecimiento de tajos

El acondicionamiento consiste en preparar los tajos para mejorar el rendimiento y evitar los riesgos en la obra. El abastecimiento sirve para preparar todos los materiales y medios necesarios para los trabajos de albañilería.

Nota

Ambos conceptos están íntimamente relacionados y en numerosas ocasiones los medios y equipos usados serán los mismos.

Las labores para el acondicionamiento que se han descrito anteriormente han conllevado la descripción de numerosas herramientas y equipos, todas ellas forman parte del acondicionamiento, aunque no se volverán a mencionar en este apartado.

A continuación, se verán los medios más usuales para el acondicionamiento y el abastecimiento de los tajos, así como sus funciones.

7.1. Tipos y funciones. Selección y comprobación

Se verán seguidamente todas aquellas herramientas usadas para el abastecimiento de los tajos.

Paleta o paletín

Herramienta formada por una lámina metálica de forma triangular. Se usa para aplicar y manejar el mortero y la argamasa.

Paleta

La elección del tipo de paleta que se deberá usar dependerá en todo momento del trabajo y del material con que se vaya a trabajar.

Ejemplo

Se llama yesera a la paleta que termina en punta y que permite hacer acabados en esquinas. En cambio, el paletín se usa para acabados finales.

Llana

Esta herramienta está formada por una chapa de acero de forma rectangular y plana. En una de sus caras, lleva atornillado un mango de madera en forma de asa.

Se usa principalmente para aplicar el enfoscado y enlucido. También para aplicar pequeñas cantidades de mortero de yeso.

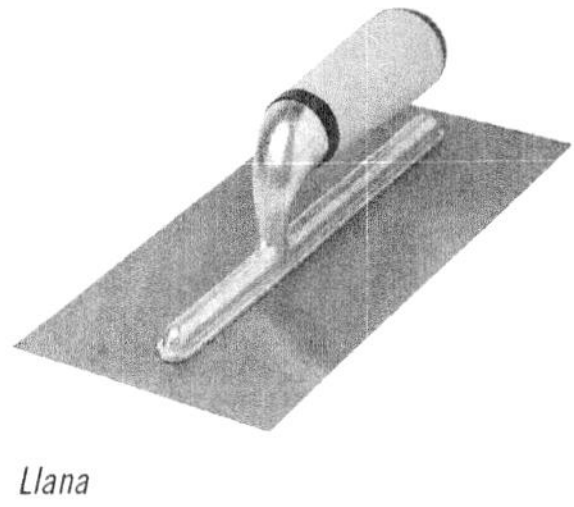

Llana

Sabía que...

Un tipo especial de llana está recubierta de fieltro en la cara opuesta al asa que se usa para humedecer y alisar la superficie a enfoscar.

Fratás o talocha

Consiste en una pieza de madera o de plástico, de forma rectangular, dotada de un asa, muy similar a la llana.

Se trata de una herramienta usada para conformar y transportar materiales, evitando el contacto directo con las manos del yeso y el cemento.

Fratás

Carda

Es una herramienta derivada de la llana. Las principales diferencias se encuentran en que es completamente de madera y mucho más ancha.

Carda

La carda se usará para rematar la parte inferior del enfoscado contra el suelo.

Gaveta

Se trata de la caja metálica que se usará para llevar las herramientas en una disposición tal que permita realizar la selección rápida de cada una de ellas.

Cubo

Se trata de un recipiente con forma cilíndrica, de menor diámetro y tapado en su base. En su parte superior posee un asa.

Cubo

Nota

El material con que están fabricados para las obras de construcción es fundamentalmente el caucho entelado.

Se usa para dosificar y transportar los diferentes elementos de los morteros.

Cuezo

Consiste en un recipiente de madera con base cuadrada y más ancho que alto, en el que se amasa el yeso.

Cuezo

Pisón de mano

Esta herramienta consiste en una maza pesada dotada de una barra en posición vertical.

Pisón de mano

Se usa para la compactación de materiales.

Fija de hierro o piquetes

Consiste en una barra de hierro de aproximadamente 20 mm de diámetro y 1 m de largo. Se usa para mantener de manera estable un cordel durante los trabajos y poder medir la alineación.

Cordel

Se trata de un hilo de algodón trenzado. Para su uso, se tensa entre dos piquetes, permitiendo de este modo el trazado de líneas rectas en el suelo o sobre la parte en curso de la construcción.

Cordel

Escantillón

Se trata de una regla de madera o metal que se usa para alinear los ladrillos y conseguir que las juntas sean uniformes y se obtengan las distancias requeridas.

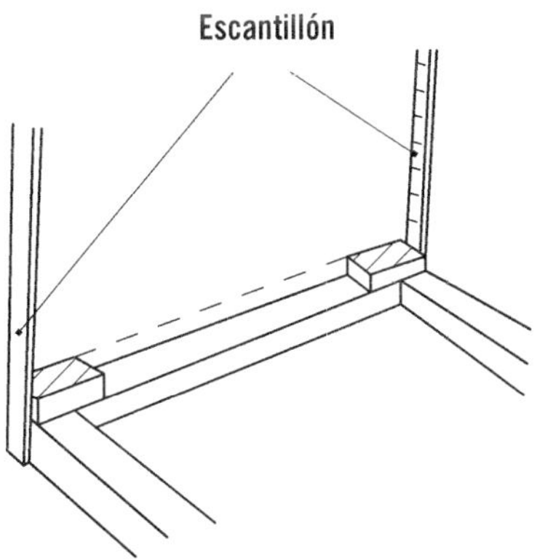

Cincel

Se trata de una herramienta de boca acerrada y recta de doble bisel.

Cincel

Se usa especialmente para realizar demoliciones parciales, para agujerar y mejorar la adherencia del mortero, etc.

Piqueta o carda

Es una herramienta con cierto parecido a un martillo. Está compuesta por un astil y una cabeza de metal, que es plana por un lado y redondeada por el otro extremo.

Piqueta

Se usa fundamentalmente para demoliciones.

Alcotana

La alcotana está formada por un mango de madera en cuyo extremo se sitúa una pieza de hierro que, por un extremo, presenta forma de hacha y, por el otro, de azada.

Alcotana

Nota

Las alcotanas pueden presentar variantes en la forma de sus extremos, pudiendo estar dotadas también de mato, martillo o piqueta.

Esta herramienta se usa principalmente para el desbaste y el rozado de las paredes.

Nivel de burbuja

Se trata de una herramienta que se usa para la medición de la horizontalidad o verticalidad de las superficies.

Consiste en uno o varios tubos trasparentes y herméticamente cerrados que contienen un líquido en el que se ha dejado un espacio de aire suficiente para dejar una burbuja de tamaño inferior al tubo que los contiene. El tubo está dotado de unas marcas, por lo que la colocación de la burbuja entre estas marcas indicará si la superficie está completamente horizontal o vertical.

Nivel de burbuja

Plomada

Este instrumento consiste fundamentalmente en una pesa que pende de un hilo o cuerda.

Plomada

Se usa para medir la inclinación cuando se levantan las paredes.

Sabía que...

La plomada recibe su nombre del material con el que suele estar hecha, el plomo, aunque existen modelos fabricados con otros metales pesados.

Maza

Es una herramienta dotada de un astil y una cabeza en forma de martillo, aunque más pesado. Estas mazas pueden ser de metal o de goma.

Maza

Sus usos son múltiples y van desde las demoliciones hasta la colocación de losetas.

Zaranda

Es una herramienta que consiste en un bastidor de madera o metal sobre el que se sujeta una malla o colador.

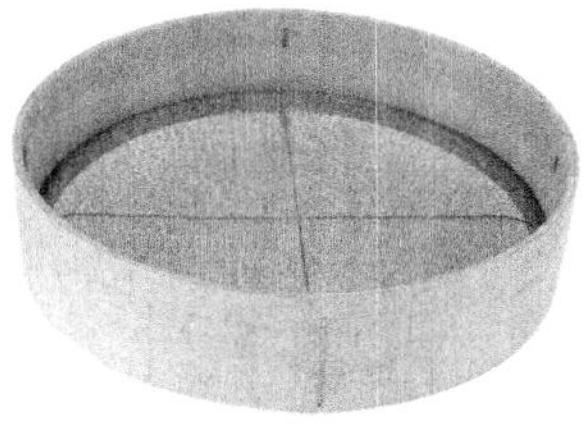

Zaranda

Se usa principalmente para el cribado de arenas para morteros.

Batidera

Formada por una chapa de hierro con bordes rectos que posee un astil.

Batidera

Es una herramienta está destinada principalmente al batido de morteros.

Recuerde

La batidera también puede usarse en labores de limpieza.

Rastrillo

Herramienta parecida a la batidera, con la diferencia de que la parte plana tiene forma de peine o púas.

Esta herramienta se emplea principalmente para el batido manual de morteros y hormigones.

Rastrillo

Artesa

Recipiente de forma rectangular y más ancho que alto, con paredes normalmente abiertas y usualmente con asas.

Artesa

Su principal función es la de contener las mezclas o morteros.

Pastera

Recipiente que se usa para contener la mezcla o morteros.

Pastera

Espátula

Herramienta que consiste en una chapa de acero en forma de trapecio dotada con una empuñadura.

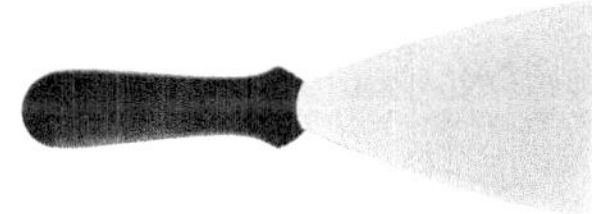

Espátula

Se usa para aplicar mortero a las paredes y para reparar pequeños defectos o remates. Es posible usarla también en la limpieza superficial de paramentos lisos y duros, como por ejemplo azulejos o suelos.

Ejemplo

La espátula puede usarse para limpieza de restos de pintura o mortero que hayan quedado adheridos a los suelos.

Puntal

Herramienta formada por dos tubos metálicos, uno de ellos se puede deslizar por el interior del otro, se fija a través de un pasador que se introduce en los agujeros del tubo interior y se ajusta mediante un collar roscado.

Se usa como apoyo provisional en las obras de construcción o para evitar derrumbes en estructuras inestables y entibaciones y trabajo a compresión.

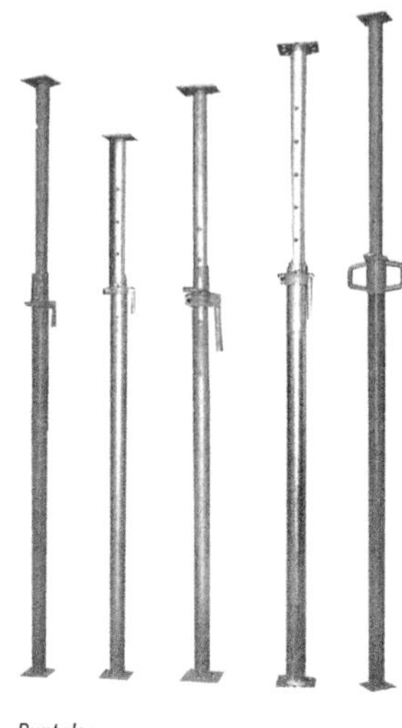

Puntales

Hormigonera

Máquina dotada de un motor eléctrico o mecánico que se utiliza para mezclar los componentes del hormigón, morteros o cal. La mezcla se moverá a través de unas aspas, contenidas en el bombo, que girarán por la acción del motor, obteniéndose una masa homogénea.

Hormigonera

Metro/cinta métrica

Se trata de instrumentos de medida. La cinta más usada en albañilería es metálica, aunque flexible, y está graduada. Esta cinta se podrá enrollar sobre sí misma y facilitar así su transporte.

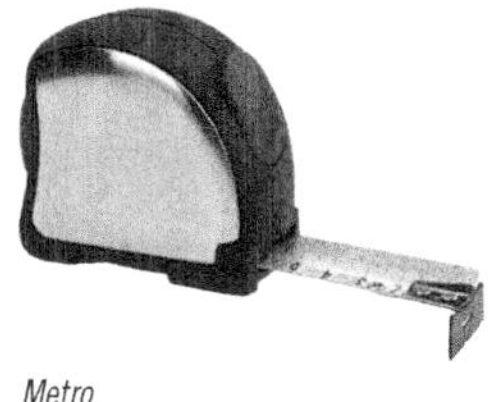

Metro

Nota

La cinta deberá tener como mínimo una extensión de 5 m.

Manguera nivel

Son mangueras de goma transparentes para poder ver el agua contenida en ellas. Se usan para trasladar medidas a nivel y dar la condición de horizontalidad.

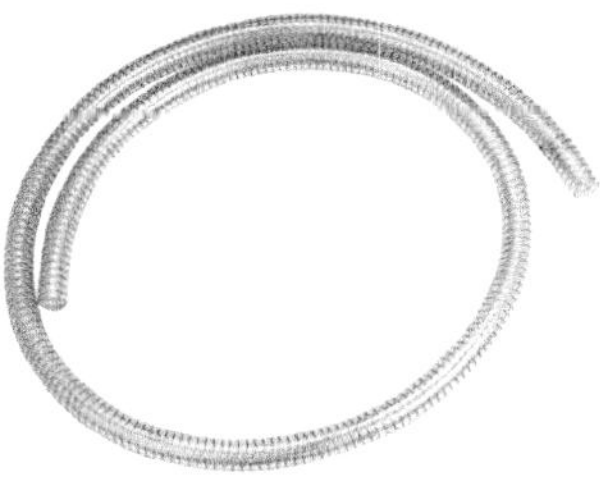

Manguera nivel

Esponja

Elemento que se utiliza para limpieza de albañilería.

Esponja

Ejemplo

Cuando el muro está terminado, se procede a limpiar con agua para sacar los residuos de mortero, antes de que se adhiera la mezcla al paramento.

Tiralíneas

Consiste en un rollo de hilo que se encuentra dentro de un recipiente junto con polvo trazador. Se usa para marcar y medir distancias.

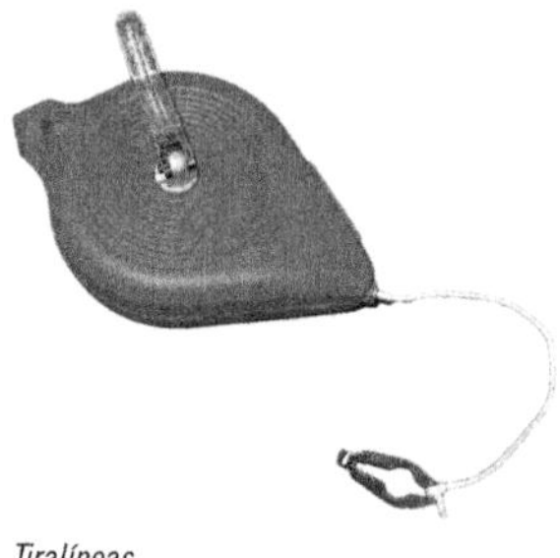

Tiralíneas

Nota

Será necesario reponer el polvo trazador periódicamente.

Aplicación práctica

María se encuentra realizando una fábrica de ladrillos. ¿Qué medios usará para verificar la verticalidad e inclinación de la misma?

SOLUCIÓN

María deberá medir y verificar la inclinación y verticalidad mediante el uso de una plomada y de un nivel de burbuja.

7.2. Manejo, mantenimiento, conservación y almacenamiento

Las estadísticas en cuanto a los accidentes laborales describen que, en una elevada proporción, estos han sido provocados por el uso de herramientas manuales y, en un alto porcentaje, son accidentes graves. Para evitarlos, habrá que tener en consideración un adecuado manejo, mantenimiento, conservación y almacenamiento de las mismas.

En primer lugar, es necesario atender como medida preventiva de accidentes al diseño de las herramientas. Deberán poseer un diseño ergonómico y, en la medida de lo posible, disponer de elementos de protección.

Será muy importante atender también, en cuanto al empleo de la herramienta, que esta debe ser adecuada para el uso al que va destinada.

Nota

Asimismo, las herramientas deberán estar en proporción a las dimensiones de los trabajadores que vayan a usarlas.

Las herramientas serán asignadas personalmente en la medida de lo posible y se hará especial hincapié en su adecuado mantenimiento como medio para prevenir accidentes.

Importante

Igualmente, los trabajadores deberán estar debidamente adiestrados en el uso de las herramientas y, en ningún caso, deberán usarse aquellas herramientas que estén estropeadas.

Las herramientas deberán ser inspeccionadas periódicamente y se arreglarán los desperfectos que en ellas se hayan producido por el uso, o bien eliminarlas definitivamente si no pudiesen arreglarse. Las herramientas deberán limpiarse y colocarse en estantes adecuados para su almacenamiento, evitando que estén en contacto con temperaturas demasiado altas o bajas, así como con humedades que puedan producir en ellas desperfectos.

8. Medios auxiliares provisionales. Instalaciones provisionales de obra

Trabajos auxiliares provisionales e instalaciones provisionales de obra se consideran los apeos o cimbras, entibaciones e instalación de medios de protección colectiva. Las recomendaciones para estos trabajos e instalaciones, se pueden encontrar en las NTP-1069, NTP-278 y 820, NTP-1016 y 516.

El apeo consistirá en el apuntalamiento provisional a base de maderas, elementos metálicos o fábricas de las construcciones, para evitar los movimientos o derrumbes durante los trabajos, protegiendo de este modo la seguridad de los edificios en construcción o colindantes, de los trabajadores y de los peatones.

Nota

Para el mantenimiento del apeo, se deberán comprobar periódicamente los ajustes entre las piezas.

Las entibaciones son aquellas operaciones de apuntalamiento que sirven para sostener o fijar los terrenos inestables durante la apertura de zanjas. Estas entibaciones podrán realizarse con tablones de madera, puntales metálicos o paneles.

Entibación de una zanja

Los medios de protección colectiva en las instalaciones provisionales de obra consistirán en el vallado de material resistente con una altura mínima de 2 m. Según las ordenanzas municipales, la distancia de esta valla a los parámetros de la obra será de 1,50 m. Asimismo, para su señalización, se colocarán luces rojas cada 10 m y en las esquinas.

En caso de los accesos a los edificios, así como las distintas zonas de trabajo, se instalarán pasillos de seguridad. Los huecos y arquetas se protegerán, cubriéndolos con tapas provisionales hasta que se disponga de las tapas definitivas. Se rodearán con barreras amarillas y se señalizarán, tanto dentro como fuera de la obra.

Los cuadros eléctricos provisionales se instalarán con el objetivo de poder conectar toda aquella maquinaria que lo requiera. Estos cuadros eléctricos se ubicarán en lugares de fácil acceso y permanecerán cerrados con cerraduras de seguridad que dispondrán de su correspondiente llave. Con el objetivo de evitar posibles accidentes, los cuadros eléctricos estarán dotados de interruptores diferenciales y el sistema de protección será de puesta a tierra.

Para proteger los cuadros eléctricos provisionales del agua, se colocarán viseras.

Importante

Señal de peligro por electricidad

Los cuadros eléctricos provisionales deberán estar señalizados con la señal de "peligro electricidad".

Las marquesinas perimetrales consisten en una medida de protección colectiva y están diseñadas para proteger a los transeúntes de las posibles caídas de objetos.

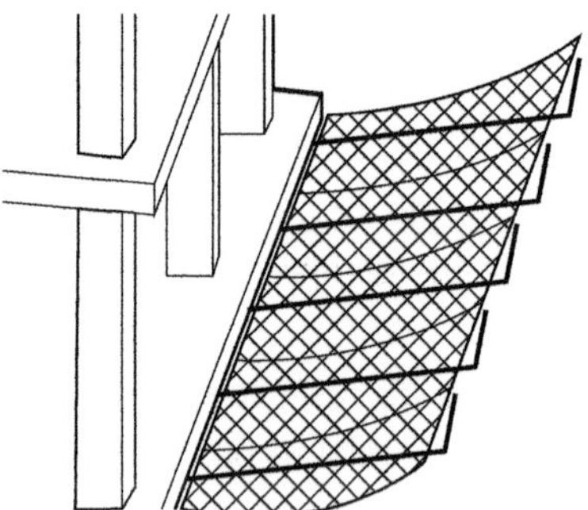

Marquesina de seguridad

Nota

Se solicitará a la dirección de la obra y coordinador en materia de seguridad y salud que especifique, antes del inicio de la obra, las características que deberán contener las marquesinas.

9. Señalización de obras

La señalización en las obras de construcción se basa en las normas establecidas en la Ley 31/1995, de 8 de noviembre, de Prevención de Riesgos Laborales, aunque, en concreto, las medidas destinadas a la señalización en las obras de construcción se desarrollan en el Real Decreto 485/1997, de 14 de abril, sobre disposiciones mínimas en materia de señalización de seguridad y salud en el trabajo.

Los diferentes medios de señalización deberán instalarse en base a una altura y posición apropiadas dentro del ángulo visual, teniendo en cuenta la proximidad del riesgo o en la entrada a lugares de riesgo.

Nota

En la medida de lo posible, se evitará la acumulación de señales que dificulten la adecuada visión o el entendimiento de las mismas.

De forma general, en las obras de construcción, se usarán los siguientes tipos de señales visuales:

- Señales de advertencia. Consistirán en señales triangulares de fondo amarillo y borde negro.

Señales de advertencia

Campo magnético intenso

Peligro en general

Caída a distinto nivel

Riesgo eléctrico

- Señales de prohibición. Consistirán en un círculo de fondo blanco con borde rojo.

Señales de prohibición

Prohibido fumar

Prohibido fumar y encender fuego

Prohibido pasar a los peatones

Prohibido apagar con agua

Entrada prohibida a personas no autorizadas

Agua no potable

Prohibido a los vehículos de manutención

No tocar

- Señales de obligación. Estas señales consistirán en un círculo azul con imágenes en color blanco.

Señales de obligación

PO 250
Es obligatorio el uso de las gafas

PO 251
Es obligatorio el uso de casco

PO 252
Es obligatorio el uso de protectores auditivos

PO 253
Es obligatorio el uso de la máscara

PO 254
Es obligatorio el uso de calzado de seguridad

PO 255
Es obligatorio el uso de guantes

PO 256
Es obligatorio el paso para peatones

PO 260
Es obligatorio el uso de ropa protectora

PO 262
Es obligatorio el uso de casco y protectores auditivos

PO 263
Es obligatorio el uso de casco y gafas

PO 264
Es obligatorio el uso de casco, gafas y protectores auditivos

PO 265
Es obligatorio el uso de la pantalla protectora

PO 266
Es obligatorio el uso de casco y equipo autónomo

PO 267
Es obligatorio el uso de marcarilla

PO 268
Es obligatorio el uso de protectores auditivos y gafas

PO 269
Es obligatorio el uso del gorro

PO 270
Obligación general

PO 271
Es obligatorio lavarse las manos

PO 273
Es obligatorio el uso de protección anticaída

- Señales de lucha contra incendios. Consistirán en imágenes en color blanco sobre fondo rojo.

Señales de lucha contra incendios

Manguera para incendios

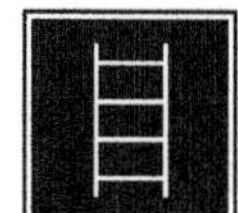
Escalera de mano

Extintor

Teléfono para la lucha contra incendios

Dirección que debe seguirse (señal indicativa adicional a las anteriores)

- Señales de salvamento y socorro. Estas señales consistirán en imágenes de color blanco sobre fondo verde.

Señales de salvamento y socorro

Dirección que debe seguirse (señal indicativa adicional a las siguientes)

Teléfono de salvamiento

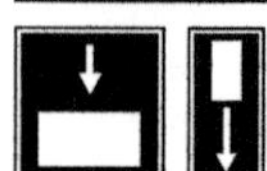
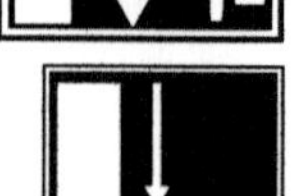
Vía/salida de socorro

Primeros auxilios

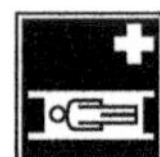
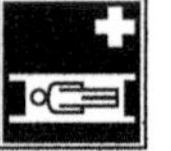
Camilla

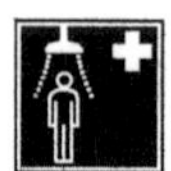
Ducha de seguridad

Lavado de los ojos

Se usarán también en las obras de construcción señales luminosas y acústicas.

- Las señales luminosas deberán tener una intensidad y tono adecuados que eviten provocar deslumbramientos. Podrán ser tanto de luz continua como intermitente, considerándose esta última de aviso de un peligro mayor o más inminente.

- Las señales acústicas deberán tener un nivel sonoro superior al ruido ambiente, pero sin llegar a ser molesto. Deberán además ser claramente identificables.

Importante

En ningún caso se deberán usar al mismo tiempo dos señales luminosas que puedan dar pie a la confusión.

10. Materiales, técnicas y equipos innovadores de reciente implantación

Desde que entrara en vigor la normativa en materia de prevención de riesgos laborales (Ley de Prevención de Riesgos Laborales, 31/1995, de 8 de noviembre), el sector de la construcción ha sido uno de los que más medidas y técnicas innovadoras ha incorporado, debido al riesgo que entrañan los trabajos de construcción, tanto para trabajadores, sujetos a unas elevadísimas tasas de siniestralidad, como para la seguridad en general de los viandantes y personas quc transitan por los lugares en obras.

Todos los equipos usados en las obras de construcción han mejorado y se han adaptado a las nuevas exigencias en materia de seguridad. Así, las obras se han dotado de barandillas, redes y diferentes elementos de seguridad que protegerán a los trabajadores frente a los accidentes.

Han sufrido también una evolución los diferentes materiales usados para la realización de los equipos y herramientas.

Ejemplo

El sistema de andamiaje, que en ocasiones era muy precario, ha evolucionado hacia los actuales andamios dotados de escaleras, que facilitan el acceso, de redes de seguridad, que impiden la caída de los trabajadores y objetos, de barandillas, etc.

Por último, en el plano técnico y siendo quizás una de las mayores innovaciones en el sector de la construcción, destacan los requerimientos en materia de formación y de prevención de riesgos laborales que se solicitan a los trabajadores, convirtiendo la prevención de accidentes laborales en uno de los principales objetivos de la sociedad en general.

11. Resumen

A lo largo del capítulo, se han visto los diferentes equipos, herramientas, medios y técnicas usados para el acondicionamiento de los tajos.

En primer lugar, se han descrito los procedimientos para la limpieza y el mantenimiento de los tajos, así como las herramientas y medios más usados.

Seguidamente, se han descrito las labores para la instalación y retirada de los medios auxiliares y de protección colectiva, siempre desde el punto de vista de los trabajos de albañilería. Los más usados consisten en escaleras y diferentes tipos de andamios, así como barandillas y marquesinas.

Para las operaciones de transporte y elevación de la carga, se han descrito diferentes medios manuales y mecánicos.

Con objeto de agrupar los contenidos y tener un conocimiento amplio y detallado de todas las herramientas que se podrán usar en los tajos de albañilería, se han detallado los equipos para el acondicionamiento de tajos y los medios y equipos para el abastecimiento de los mismos.

Además, se han relatado los diferentes medios e instalaciones que de forma provisional se instalarán en las obras de construcción y que servirán principalmente para la protección de los trabajadores.

Por último, se ha dedicado un apartado a las diferentes señalizaciones que se podrán usar en construcción.

A lo largo de todo el capítulo se ha hecho hincapié en las normativas vigentes en cuanto a la organización del entorno de trabajo, prevención de riesgos laborales y calidades de los medios, equipos y herramientas usados.

Ejercicios de repaso y autoevaluación

1. **La tolva de vertido permite almacenar los residuos temporalmente en su interior hasta su posterior recogida.**

    - ☐ Verdadero
    - ☐ Falso

2. **Los medios auxiliares estarán sujetos a las especificaciones de las normas...**

    a. ... UE.
    b. ... IPE.
    c. ... UNE.
    d. ... ANE.

3. **¿Cuál de las siguientes secuencias en la instalación del andamio de marco es correcta?**

    a. Instalación de los marcos.
    b. Instalación de las barandillas, plataformas y diagonales.
    c. Se nivelará el módulo.
    d. Se fijarán y asegurarán las uniones.
    e. Todas las opciones son correctas.

4. **¿Cuál de los siguientes elementos corresponde a las barandillas?**

    a. Poste.
    b. Barandilla superior.
    c. Barandilla intermedia.
    d. Plinto o rodapié.
    e. Todas las opciones son correctas.

5. **Durante el procedimiento de instalación del sistema fijado al suelo, se le colocará al poste una tabla para evitar que su anclaje resbale.**

    - ☐ Verdadero
    - ☐ Falso

6. ¿Cuál de estas señalizaciones gestuales es la correcta para indicar el fin de un movimiento?

a. Las dos manos juntas a la altura del pecho.
b. Los dos brazos extendidos hacia arriba, las palmas de las manos hacia adelante.
c. El brazo derecho extendido hacia arriba, la palma de la mano derecha hacia delante.
d. El brazo derecho extendido más o menos en horizontal, la palma de la mano derecha hacia abajo, hacer pequeños movimientos indicando la dirección.
e. Todas las opciones son incorrectas.

7. En ningún caso se dejarán las cargas suspendidas en alto y quedará totalmente prohibido el transporte de personas sobre las cargas o en los ganchos.

☐ Verdadero
☐ Falso

8. ¿Cuál de estas herramientas es la que se usará para rematar la parte inferior del enfoscado contra el suelo?

a. Llana.
b. Espátula.
c. Carda.
d. Fratás o talocha.
e. Todas las opciones son incorrectas.

9. Los apeos son aquellas operaciones de apuntalamiento que sirven para sostener o fijar los terrenos inestables durante la apertura de zanjas. Estos apeos podrán realizarse con tablones de madera, puntales metálicos o paneles.

☐ Verdadero
☐ Falso

10. ¿En qué consistirá la señal visual de uso de protección anticaída?

a. En un círculo de fondo blanco con borde rojo.
b. En señales triangulares de fondo amarillo y borde negro.
c. En imágenes en color blanco sobre fondo rojo.
d. En un círculo azul con imágenes en color blanco.
e. En imágenes de color blanco sobre fondo verde.

Capítulo 2

Abastecimiento de tajos y acopios

Contenido

1. Introducción

A lo largo de este capítulo, se van a ver las características y densidades de todos los tipos de ladrillos, de los bloques cerámicos, tejas y bloques de hormigón. Se tratarán igualmente los diferentes áridos y los distintos tipos de cementos, la cal, el yeso y los tipos de aditivos para la preparación de los morteros y del hormigón.

Asimismo, se analizarán sus formas de suministro habituales, la forma envasada de todos estos materiales, en plástico, cajas, sacos, bidones de plástico o metálicos y el paletizado de los mismos.

Seguidamente, se describirán las condiciones de acopio de todos los materiales, incluyendo recomendaciones para evitar roturas en los diferentes tipos de ladrillos y bloques cerámicos, tejas y bloques de hormigón, colocándolos en los lugares adecuados para su conservación, en el caso de los cementos, cales y yesos, y en el de los morteros industriales, morteros secos y morteros preparados en el terreno, teniendo en cuenta su tiempo de uso, plazo máximo de almacenamiento y su conservación en lugares secos. Además, se analizará cómo conservar los áridos y los cementos.

Finalmente, se rememorarán los equipos que se usan fundamentalmente para el abastecimiento de los tajos y se introducirán los silos para almacenamiento y elaboración de morteros y hormigones, explicando su mantenimiento y conservación.

2. Materiales

A continuación, se verán los materiales más comunes en todos los tajos de albañilería, así como las formas de suministro más usuales.

2.1. Características y densidades

En este apartado, se van a estudiar las características fundamentales de los materiales que más comúnmente se usan en las obras.

Ladrillos cerámicos

Un ladrillo es una pieza cerámica con forma de octaedro, fabricada a partir de arcilla moldeada, secada y posteriormente cocida.

Las partes de un ladrillo se podrán definir en base a sus caras y aristas y se denominarán como muestra la siguiente imagen.

Partes de un ladrillo

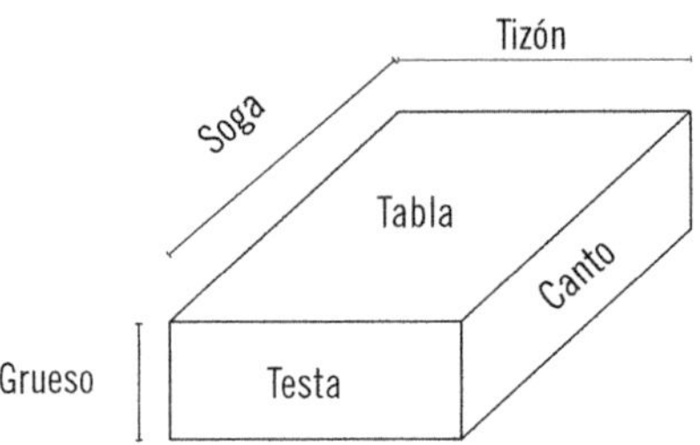

Las dimensiones de los ladrillos serán conformes con la normativa UNE-EN 772-16:2011.

Nota

Los ladrillos, deberán contener el marcado CE que especifica que cumplen con los estándares de calidad europeos en base a la normativa UNE 771-1:2011+A1:2016.

Existen tres tipos de ladrillos: macizos, perforados y huecos. Dependiendo de su uso, se podrán clasificar en dos tipos: ladrillo común y ladrillo visto.

Ladrillo macizo

Se designan con la letra M y, en este tipo de ladrillos, las perforaciones no podrán superar el 10 % de su volumen.

La mayoría de los ladrillos macizos se usan para cerramientos a cara vista.

Ladrillo perforado

Se designan con la letra P y, en este tipo de ladrillos, las perforaciones podrán superar el 10 % de su volumen.

Se usan principalmente para cerramientos a cara vista y en muros de carga.

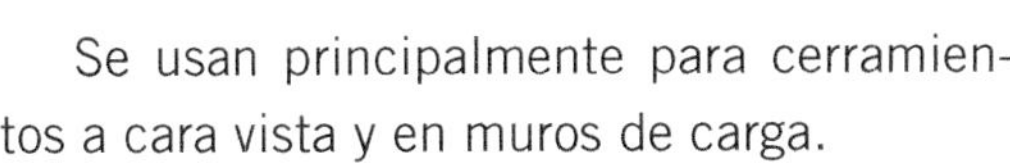

Ladrillo hueco

Se designan con la letra H y, en este tipo de ladrillos, las perforaciones se encuentran en el canto, no superando los 16 cm^2.

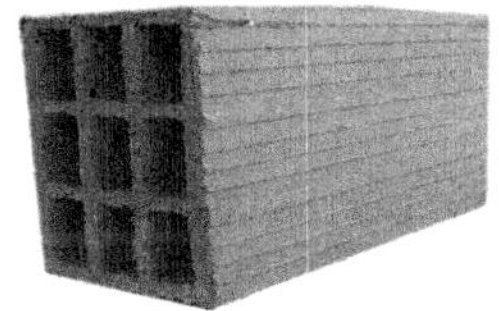

Dependiendo de las dimensiones de estos ladrillos, se podrán usar en diferentes aplicaciones, como se muestra en la siguiente tabla.

Tipo	Tipo rasilla	Hueco sencillo	Hueco doble
Dimensiones	29x14x3 29x14x2,5 24x11,5x10 24x11,5x11	29x14x4 29x14x5 24x11,5x6 24x11,5x5 24x11,5x4 50x20x20	29x14x9 24x11,5x10 24x11,5x9 24x11,5x8
Aplicaciones	Tabiquería Cerramiento	Tabiquería Cerramiento	Tabiquería y el de 24x11,5x10 en cerramientos

Nota

Dentro de los ladrillos huecos, se encuentran también los ladrillos huecos de gran formato, que tienen un tamaño mayor al de los ladrillos huecos convencionales y se usan fundamentalmente en la realización de particiones interiores.

Atendiendo a su uso, los tres tipos de ladrillos anteriores se podrán dividir en dos categorías:

- **Ladrillo común:** se designa con la letra NV y se usa para fábricas con revestimiento.
- **Ladrillo visto:** se designa con la letra V y se usa en fábricas sin revestimiento.

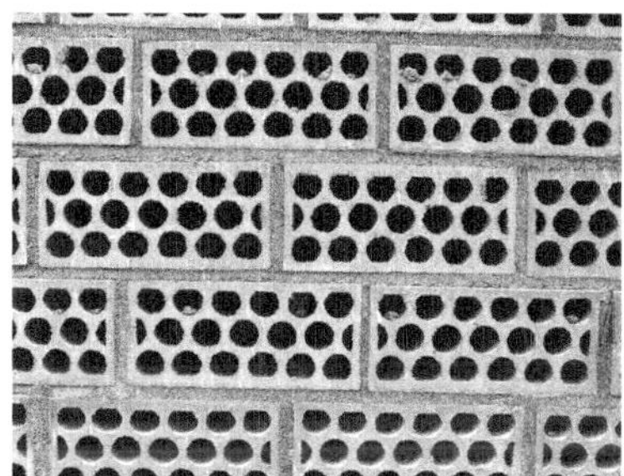

Fábrica de ladrillos comunes

Fábrica de ladrillos vistos

Bloques cerámicos

Se trata de elementos cerámicos que tienen la misma composición y tienen el mismo proceso de elaboración que los ladrillos cerámicos, rigiéndose por la misma normativa UNE 771-1:2011+A1:2016.

Nota

Los bloques cerámicos poseerán en sus testas machihembrados que facilitarán el encaje entre los bloques.

Sus dimensiones son mayores a las de los ladrillos, siendo habitualmente de los siguientes tamaños:

Tamaño convencional
60/70x25x25

Podrán usarse tanto para la realización de cerramientos como para elementos decorativos, para lo que, dependiendo del fabricante, podrán tener formas diversas (celosías, botelleros, pasamanos, etc).

Ejemplo

Bloque cerámico de celosía

Un bloque cerámico de celosía podrá servir como elemento decorativo.

Bloques de hormigón prefabricados

Se elaboran a partir de morteros y hormigones y pueden tener diversas formas dependiendo de su uso.

Las especificaciones de los bloques de hormigón vienen recogidas en la normativa UNE-EN 771-3:2011+A1:2016.

Sus dimensiones serán mayores que las de los ladrillos, por lo que supondrán una ventaja en la construcción de paredes. Además, estas serán más rígidas.

Habitualmente, tendrán las siguientes dimensiones o tamaños:

Tamaño convencional
40x20x25

Como ya se ha mencionado, se podrán usar en la construcción de paredes, que posteriormente serán enlucidas o enyesadas.

Nota

Los bloques de hormigón pueden usarse también para la realización de muros de carga.

Pero su función más notable es la decorativa, ya que estos bloques suelen usarse principalmente para la construcción de vallas ornamentales.

Muro de bloques de hormigón con celosía

Tejas

Las tejas cerámicas constituyen un elemento usado para el cubrimiento de cubiertas con pendiente. Las tejas deberán cumplir con la norma UNE-EN 1304:2020.

Las tejas cerámicas pueden ser de tres tipos diferentes:

Curva o árabe

En la colocación de estas tejas, se combinan hileras con la curva hacia arriba (canal) y con la curva hacia abajo (cobija).

Teja curva

Teja plana

Estas tejas tienen forma plana. Su colocación se realiza por solapamiento.

Teja plana

Tejas mixtas

Estas tejas son muy parecidas a las curvas, sin embargo, combinan en una sola pieza el canal y la cobija.

Teja mixta

Nota

Además de cerámicas, las tejas también pueden ser de otros materiales, como por ejemplo de hormigón, pizarra, etcétera, para lo que deberán cumplir con las respectivas normas UNE.

Detalle de tejas planas de pizarra

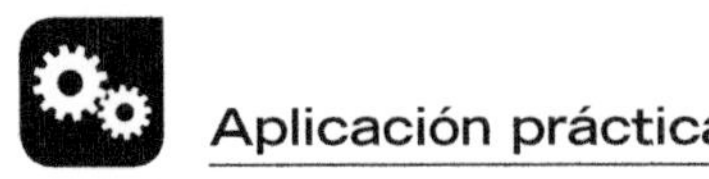

Antonio se encuentra trabajando en una vivienda unifamiliar y, en este momento, se dispone a realizar el muro exterior que rodea todo el perímetro de la vivienda. El muro ha de tener una gran consistencia y, además, le han solicitado que contenga elementos decorativos ¿Qué tipo de material recomendaría a Antonio?

SOLUCIÓN

Al ser un muro exterior y con elementos decorativos, se podrían usar bloques de hormigón, que, además, tendrán una gran consistencia. Como elemento decorativo se podrán usar bloques de hormigón a modo de celosía.

Cemento

El cemento es una mezcla de calizas y arcillas que se endurece en contacto con el agua. Este proceso de endurecimiento se conoce como fraguado. En España, la calidad del cemento está regulada por la Instrucción para recepción de cementos RC-16, que se aprobó en el Real Decreto 256/2016, de 10 de junio.

En función de la composición del cemento, se determinan una serie de categorías, estableciéndose en el real decreto citado la siguiente clasificación:

TIPOS	DENOMINACIÓN	DESIGNACIÓN
CEM I	Cemento Portland	CEM I
CEM II	Cemento Portland con escoria	CEM II/A-S
		CEM II/B-S
	Cemento Portland con humo de sílice	CEM II/A-D
	Cemento Portland con puzolana	CEM II/A-P
		CEM II/B-P
		CEM II/A-Q
		CEM II/B-Q
	Cemento Portland con ceniza volante	CEM II/A-V
		CEM II/B-V
		CEM II/A-W
		CEM II/B-W
	Cemento Portland con esquistos calcinados	CEM II/A-T
		CEM II/B-T
	Cemento Portland con caliza	CEM II/A-L
		CEM II/B-L
		CEM II/A-LL
		CEM II/B-LL
	Cemento Portland compuesto	CEM II/A-M
		CEM II/B-M
CEM III	Cemento de horno alto	CEM III/A
		CEM III/B
		CEM III/C
CEM IV	Cemento puzolánico	CEM IV/A
		CEM IV/B
CEM V	Cemento compuesto	CEM V/A
		CEM V/B

Sabía que...

El cemento Portland fue inventado en 1824 en Inglaterra por Joseph Aspdin y debe su nombre a la semejanza que mantiene con las rocas de la isla de Portland, en el condado de Dorset.

En esta clasificación se muestra el tipo, el nombre y una designación basada en el tipo más una letra. Cada una de estas letras designa un tipo de componentes, correspondiéndose con:

- S: escoria de horno alto.
- D: humo de sílice.
- P: puzolana natural.
- Q: puzolana natural calcinada.
- V: ceniza volante silícea.
- W: ceniza volante calcárea.
- T: esquistos calcinados.
- L y LL: caliza.

Sabía que...

Se denomina puzolana a una fina ceniza volcánica que se extiende principalmente en la región del Lazio y la Campania, su nombre deriva de la localidad de Pozzuoli, en las proximidades de Nápoles, en las faldas del Vesubio. Posteriormente, se ha generalizado a las cenizas volcánicas en otros lugares. Ya Vitrubio (siglo I a. C.) describía cuatro tipos de puzolana: negra, blanca, gris y roja.

Si se mezcla el cemento con grava, arena y agua, se formará el hormigón. Si se mezcla el cemento con arena y agua, se fabricarán morteros. De este modo, se obtendrán las diferentes mezclas usadas en albañilería.

Cal

La cal proviene de las rocas calizas, que son calcinadas en un horno durante varios días.

Su uso está regulado por las normas UNE-EN 459-1:2016 y UNE-EN 459-2:2022. Se emplea en la realización de morteros de cal, en los que se mezcla con arena y agua.

Estos morteros son muy plásticos y maleables, usándose también para la elaboración de lechadas y como pintura.

Existen dos tipos fundamentales de cal que se emplean en construcción: la cal aérea y la cal hidráulica.

Pasta de cal

Yeso

El yeso es un producto preparado a partir de una piedra natural llamada aljez, que es calcinada hasta la deshidratación. La normativa que regula sus definiciones y especificaciones es la UNE-EN 13279-1:2009.

Los yesos se pueden usar:

- Como pasta para agarres y juntas, guarnecidos, revoques y enlucidos.
- En pasta para estucados.
- Como pasta para guarnecidos, revoques y enlucidos.
- Para escayolas en techos, para lo que pueden adquirirse en forma de paneles ya prefabricados, que podrán usarse también para tabiques.

Panel prefabricado de yeso

Áridos

Como áridos en la construcción, se entienden fundamentalmente la arena y la grava. Tanto una como otra consisten en partículas disgregadas de las rocas. La diferencia entre ambas está en el tamaño de los granos, siendo las partículas de grava notablemente más grandes que los granos de arena.

Actualmente las especificaciones técnicas para la utilización de áridos están recogidas en la normativa técnica UNE-EN 12620:2003+A1:2009.

La arena puede provenir de ríos, minas o playas, siendo para su uso lavada y cribada.

Nota

La forma de los granos ha de ser redondeada, descartándose para la construcción las arenas con granos en forma de lajas.

La función principal de la arena es reducir las posibles fisuras que pueden aparecer en la mezcla al endurecerse, usándose también para dar volumen a la misma.

Arena

Grava

Las gravas se usan principalmente en la fabricación de hormigones.

Otros áridos también usados son las piedras y los cascotes. Las piedras pueden usarse enteras o partidas (pedregullo), por ejemplo en la realización de hormigones resistentes para bases. Los cascotes pueden ser partes de ladrillos y restos de demoliciones y se emplean en la fabricación de hormigones de baja calidad.

Aditivos

Se definen aditivos para hormigones, morteros y pastas como el producto que se añade durante la mezcla, con la finalidad de transformar las propiedades de la mezcla en estado fresco o endurecido.

Existen diferentes productos que se usan como aditivos para mejorar las propiedades de las diferentes pastas, morteros y hormigones. Su uso no podrá suponer más del 5 % del peso del cemento.

Nota

La utilización de estos aditivos se realizará en base a las indicaciones de cada fabricante y, además, su uso estará regulado por la norma UNE-EN 934-2:2010+A1:2012.

A modo de ejemplo, destacan los siguientes tipos de aditivos:

- Aditivos hidrófugos: productos químicos que se agregan al agua para aumentar la impermeabilidad.
- Aditivos aceleradores del fraguado: este tipo de aditivos se usa para acelerar el proceso de fragua de las mezclas.

Aditivo retardador del fraguado

- Aditivos retardadores del fraguado: evitan que las mezclas pasen rápidamente del estado plástico al sólido.
- Aditivos aceleradores del endurecimiento: facilitan el endurecimiento de las mezclas.
- Aditivos retenedores de agua para morteros: ayudan a que los morteros conserven mayor cantidad de agua durante más tiempo.

Otros materiales

En las obras de construcción, se emplean, además de los materiales descritos anteriormente, otros materiales como azulejos, baldosas, mármoles, terrazos, maderas, etcétera. Estos materiales se usan para el embellecimiento y acabado de las superficies, tanto de suelos como paredes y otros elementos constructivos. Sus características varían enormemente entre sí y, por la tanto, también sus condiciones de apilado y envasado y las formas de suministro.

Recuerde

Para el apilado y envasado de estos y los demás materiales, se seguirán en todo momento las indicaciones de los fabricantes o distribuidores.

2.2. Formas de suministro: granel, envasado y paletizado

Se pasa a analizar a continuación la forma de suministro adecuada a cada uno de los materiales vistos anteriormente.

Ladrillos

Las formas principales de recibir los ladrillos en obra son envasados o paletizados. Además, los paquetes facilitan la descarga y transporte por medios mecánicos.

Nota

Los paquetes no deben ser herméticos, ya que de este modo se permitirá que los ladrillos puedan absorber la humedad del ambiente.

Cuando se reciben los ladrillos, se debe tener en cuenta que tanto en el albarán de entrega como en el empaquetado deberán aparecer los siguientes datos:

- Fabricante o marca.
- Tipo y clase de ladrillos.
- Resistencia a la compresión
- Dimensiones en centímetros.

Una vez recibidos, la dirección de la obra deberá encargarse de verificar mediante una toma de muestras y posteriores ensayos que los requisitos de calidad se cumplen.

Palés de ladrillos

En general, los bloques cerámicos y las tejas cerámicas cumplirán las mismas medidas y formas de suministro que los ladrillos.

Nota

Las tejas cerámicas y los elementos decorativos podrán envasarse previamente en cajas de cartón para disminuir los daños.

En el caso de los bloques de hormigón, se recibirán en obra generalmente paletizados, en cuyo caso se podrá suprimir el plástico que recubre los palés, sustituyéndolo por flejes o cintas de amarre para la sujeción.

Palés de bloques de hormigón

Recuerde

Los materiales deberán contener los correspondientes marcados de calidad y sellos de fabricantes.

Cemento

Se recibe en obra principalmente en sacos (aunque también se podrá adquirir a granel). Estos sacos pueden ser paletizados. En todo caso, deberán estar protegidos frente al agua y la intemperie durante su transporte y almacenamiento. Deberán contener las designaciones y el sello de fabricante, así como los correspondientes sellos de certificación de calidades.

Cal

Principalmente, las cales, ya sean aéreas o hidráulicas, se reciben en la obra envasadas en sacos o barriles en seco (esto sacos podrán ser paletizados y también recibirse a granel). En todo caso, deberán contener la identificación del fabricante y su designación, así como los correspondientes marcados de calidad.

Yeso

Existen dos formas principales para recibir el yeso en la obra: por un lado, se podrá recibir envasado en sacos (que pueden venir en palés) y, por otro, se podrá recibir a modo de placas o planchas ya prefabricadas. En ambos casos, deberá contener el correspondiente marcado de calidad, así como el sello del fabricante y la identificación o designación del producto.

Áridos

Los áridos pueden recibirse en obra en sacos de plástico o a granel. Para obras de mayor envergadura, se usará el granel. De este modo, podrán recibirse en contenedores o en camiones basculantes, que los situarán directamente en lugares próximos a su utilización.

Contenedor para áridos

Camión basculante para descargar los áridos

Nota

Las cantidades de áridos se medirán siempre en m^3.

ditivos

Bidón metálico de aditivos

La forma de envasado para los aditivos depende en todo caso de la naturaleza de los mismos.

De este modo, los aditivos líquidos se reciben en obra en depósitos de plástico, bidones metálicos o tanques, y los sólidos (polvos) envasados en sacos.

Tanque de aditivos

Saco de aditivo sólido

Nota

El tamaño de los envases dependerá de las cantidades que sean necesarias en obra.

Morteros y hormigones

Además de poder fabricar estos productos en las propias obras a partir de los materiales que se han descrito con anterioridad, ambos productos podrán adquirirse de forma ya preparada a una central.

El transporte de hormigón y mortero desde las centrales a las obras se realiza en amasadoras móviles, que se encargan de que el producto llegue a la obra con la adecuada consistencia y homogeneidad.

Planta industrial de hormigón y mortero

Camión hormigonera

Nota

Las centrales deberán disponer de los adecuados controles que verifiquen la calidad de los productos resultantes. En estas centrales, se conseguirá una mayor homogeneidad y uniformidad de las masas.

3. Condiciones de acopio. Resistencia del soporte. Altura del apilado. Factores ambientales

De forma general, los materiales deben situarse lo más próximos posible al lugar donde se van a usar, de manera que se eviten los daños por desplazamientos innecesarios. Del mismo modo, se deberán almacenar sobre superficies limpias y horizontales, evitando lugares de aguas de escorrentías.

Importante

Los materiales no deberán colocarse directamente sobre el terreno, ya que podrán absorber humedad o sales que podrían afectar a la calidad de los mismos.

Los materiales paletizados se acopiarán en las obras sobre un terreno firme y se evitará la acumulación de los palés a más de tres alturas, de modo que se eviten roturas y deterioros de los materiales, hundimientos y los riesgos derivados de la caída a altura de materiales.

Definición

Palé
Plataforma de tablas para almacenar y transportar mercancías.

De igual forma, los ladrillos cerámicos, bloques de hormigón, bloques cerámicos y tejas no deberán almacenarse en contacto directo con el terreno, ya que podrán absorber humedades, sales solubles, etcétera, que podrían provocar la posterior aparición de manchas o eflorescencias. Deberán apilarse sobre superficies planas y limpias y alejados de lugares donde se produzcan trabajos que puedan dañarlos.

En el caso de morteros y hormigones industriales, se deberán acumular en lugares alejados de posibles factores contaminantes. En todo momento, se protegerán de aquellas condiciones climatológicas que puedan producir daños, como por ejemplo las lluvias o el excesivo calor.

En el caso de los morteros industriales, se permite que, durante el tiempo máximo de uso que esté especificado, se les agregue agua para compensar las posibles evaporaciones, tras lo que será necesario remover durante al menos 3 minutos.

Nota

Una vez transcurrido el tiempo máximo previsto, los morteros que no hayan sido usados se desecharán.

Los morteros preparados en el terreno deberán depositarse en lugares limpios y secos, donde se evite cualquier posible foco de contaminación. Se deberán usar en las 2 horas posteriores a su elaboración y, en caso de ser necesario, se les podrá también agregar agua, como a los morteros industriales.

En el caso de los morteros secos, se prestará especial atención a la protección frente a las condiciones climatológicas, recomendándose su acopio en silos.

El cemento y las cales que se reciban envasados en sacos no deberán depositarse directamente sobre el terreno. En general, los sacos deberán apilarse en forma transversal, con la boca o apertura de los mismos dirigida hacia el centro de la pila. Si su altura supera 1,5 m, se deberá reducir una fila de sacos, realizando el apilado de forma escalonada.

Palé de cemento

Importante

En el caso de estar acumulados por un periodo superior a 30 días o si sufriesen temperaturas mayores durante el almacenamiento a los 70 °C, deberán realizarse ensayos para comprobar la calidad de los materiales.

Con respecto a la arena y los áridos, deberán almacenarse según su procedencia y granulometría, protegiéndose de posibles fuentes de contaminación sobre lugares horizontales, limpios y secos. En caso de ser necesario, se protegerán de excesos de viento o de humedad cubriéndolos.

Para el caso de los sacos de yeso, se seguirán las mismas instrucciones en el almacenamiento que se han visto para cales y cementos. No obstante, habrá que tener unas precauciones especiales en cuanto a las placas o planchas de yeso, que deberán apilarse con sumo cuidado con el objetivo de evitar los posibles daños. Se evitará el almacenamiento de las placas de yeso en lugares susceptibles de presentar humedades, para lo que se deberán retirar también (en el caso de tenerlos) los plásticos protectores en que pueden venir envueltas estas planchas, con objeto de evitar humedades que pueden producir deterioros en los materiales.

Estas placas deberán apilarse de forma plana y, en la medida de lo posible, se instalarán elementos protectores en las esquinas para evitar fracturas.

Para el acopio de los aditivos, se seguirán las recomendaciones que incluya cada fabricante, prestando especial atención a los envases de los mismos. De forma general, se recomienda su acopio en envases herméticamente cerrados, protegidos del sol y separándolos por marcas, tipos, fechas de recepción, etcétera.

Aplicación práctica

Se encuentra trabajando en la realización de un edificio de viviendas y le encargan que solicite el suministro de los siguientes materiales:

- **5.000 ladrillos.**
- **2.000 m^3 de cemento.**
- **3.000 m^3 de arena.**

Describa la forma de suministro que solicitará a los proveedores, así como las condiciones de acopio de los mismos. Justifique su respuesta.

SOLUCIÓN

Los ladrillos se solicitarán paletizados, ya que de este modo se evitarán desperfectos en los mismos y será más fácil su acopio.

El cemento se pedirá envasado en sacos posteriormente paletizados, de manera que sea más fácil su posterior acopio.

La arena se pedirá a granel, debido a su volumen.

Continúa en página siguiente >>

<< Viene de página anterior

Se acondicionará un lugar limpio y alejado de posibles fuentes de contaminación para el acopio de estos materiales. Asimismo, se buscará una ubicación cercana a los lugares donde se van a usar posteriormente. Estarán debidamente protegidos de condiciones climatológicas adversas, así como de lugares por donde circulen aguas de escorrentía. Se tendrá en cuenta también que el lugar de acopio no esté situado en zonas de tránsito, ya que de este modo se evitarán desperfectos en los materiales.

Para los ladrillos y sacos de cemento, se respetará la altura de los palés apilados, que no deberá suponer más de tres alturas. La arena se cubrirá para protegerla de las posibles pérdidas debidas al viento.

---

4. Equipos. Tipos y funciones. Selección y comprobación. Manejo, mantenimiento, conservación y almacenamiento

En este apartado, se destacarán fundamentalmente aquellos útiles que se usan para el abastecimiento en tajos, la mayoría de los cuales se han descrito anteriormente, por lo que se verán de forma simplificada a modo de tabla esquemática.

No obstante, existe un equipo para el abastecimiento de tajos del que aún no se ha hablado, ya que su importancia radica en el acopio y preparación de morteros y hormigones en la propia obra: el silo.

El silo es un sistema de almacenamiento, aunque también de elaboración, tanto de morteros como de hormigones. En él, se regula la distribución, dependiendo de las necesidades de la obra.

Para entender el adecuado funcionamiento, su descripción y dónde se detalla las medidas y disposiciones para remediar las situaciones de riesgo, se encuentran en la NTP 90.

Silos para morteros

Actualmente, existen dos tipos de silos en el mercado: los silos de gravedad y los silos de presión. Los silos de gravedad son los más tradicionales y dispensan la mezcla *in situ,* mientras que los silos de presión disponen de mangueras y de un sistema de bombeo que hará llegar la mezcla hasta el lugar requerido.

En estos silos se acopian los materiales para los morteros en seco, de manera que cuando sea necesario solo se tendrá que añadir el agua para elaborar el mortero o el hormigón.

Nota

Estos silos disponen de dispositivos de mezclado, así como de un sistema que permite obtener la cantidad necesaria de la mezcla, manteniendo el resto de los materiales secos en su interior y permitiendo así el acopio del material que no va a ser usado.

Para su adecuada conservación, deberán mantenerse herméticamente cerrados y secos y, en periodos inferiores a un año, deberán vaciarse.

Importante

El cemento que se almacene en los silos deberá usarse en el plazo de 60 días como máximo a partir de la fecha de su recepción.

Los útiles más usados en las labores de abastecimiento se verán en la tabla que, a modo de resumen, se muestra a continuación.

ÚTILES Y EQUIPOS	FUNCIONES
Cubo	Se usa en el abastecimiento de tajos para transportar y dosificar los diferentes elementos de los morteros.
Batidera	Se usa en el batido manual de los morteros. Puede usarse también en labores de limpieza.
Rastrillo	Se emplea para el batido manual de los morteros y los hormigones.
Pastera	Este recipiente se usa como contenedor de pastas, morteros y hormigones.
Hormigonera	Se trata de una máquina dotada de motor que se usa para la mezcla uniforme de los componentes de los hormigones y morteros.
Pala de recogida	Esta herramienta se usa en la recogida y mezcla de los morteros, pastas y hormigones.
Carretilla	Se usa para el transporte de los diversos materiales, incluidos morteros, pastas y hormigones.
Espuerta	Este útil sirve de elemento contenedor de las mezclas, así como para el transporte de materiales.

Todos los útiles deberán almacenarse y conservarse en condiciones óptimas, prestándose especial atención al mantenimiento, que será fundamental para el adecuado desempeño de las labores, así como a la prevención de los riesgos y accidentes.

Asimismo, todos los medios de transporte, tanto manuales como mecánicos, y los medios de elevación de las cargas que se han visto anteriormente servirán para el abastecimiento de los materiales en los diferentes tajos.

Aplicación práctica

Está realizando los cerramientos para un complejo hotelero de grandes dimensiones y necesita abastecer a los operarios a grandes distancias y en varias plantas, en trabajos que se están desarrollando de forma simultánea ¿Qué medio sería el más apropiado para realizar el acopio de los materiales para el mortero? ¿Qué medio sería el más indicado para distribuirlo rápidamente por la obra?

SOLUCIÓN

El medio más indicado será un silo de presión, ya que, de este modo, se podrá almacenar el mortero en seco y para su uso solo se tendrá que añadir el agua. Además, este dispositivo dispone de mangueras que permitirán el abastecimiento a las distintas plantas y en los diferentes lugares.

5. Resumen

A lo largo de este capítulo, se han visto las características y densidades de todos los tipos de ladrillos, de los bloques cerámicos, tejas y bloques de hormigón. Se ha hablado de los diferentes áridos, como son la arena y la grava, también se han visto los distintos tipos de cementos, la cal, el yeso y los tipos de aditivos para la preparación de los morteros y del hormigón.

De igual forma, se han tratado sus formas de suministro habituales, la forma envasada de todos estos materiales, en plástico, cajas, sacos, bidones de plástico o metálicos y el paletizado de los mismos.

A continuación, se han descrito las condiciones de acopio de todos los materiales, incluyendo recomendaciones para evitar roturas en los diferentes tipos de ladrillos y bloques cerámicos, tejas y bloques de hormigón, colocándolos en los lugares adecuados para su conservación, en el caso de los cementos, cales y yesos, así como de los morteros industriales, los morteros secos y los morteros preparados en el terreno, teniendo en cuenta su tiempo de uso, plazo máximo de almacenamiento y su conservación en lugares secos. Además, se ha analizado cómo conservar los áridos según su granulometría y los cementos, en lugares secos y protegiéndolos del viento, la humedad y las fuentes de contaminación.

Por último, se han recordado los equipos que se usan fundamentalmente para el abastecimiento de los tajos y se han introducido los silos para almacenamiento y elaboración de morteros y hormigones, explicando su mantenimiento y conservación.

Ejercicios de repaso y autoevaluación

1. De las siguientes afirmaciones, diga cuál es verdadera o falsa.

a. Un ladrillo es una pieza cerámica con forma de octaedro, fabricada a partir de arcilla moldeada, secada y posteriormente cocida.

- ☐ Verdadero
- ☐ Falso

b. Se designan con la letra P los ladrillos perforados.

- ☐ Verdadero
- ☐ Falso

c. El ladrillo común se usa en fábricas sin revestimiento.

- ☐ Verdadero
- ☐ Falso

d. El cemento es una mezcla de calizas que se endurece en contacto con el agua. Este proceso de endurecimiento se conoce como fraguado.

- ☐ Verdadero
- ☐ Falso

2. ¿Cuál de estos tamaños es el habitual del ladrillo tipo rasilla?

a. 29x14x4.
b. 29x14x9.
c. 29x14x3.
d. 29x14x5.

3. ¿En cuál de estas tejas su colocación se realiza por solapamiento?

a. Tejas curvas o árabes.
b. Tejas planas.
c. Tejas mixtas.

4. **De estas designaciones, ¿cuál es la correcta para el cemento Portland con esquistos calcinados?**

   a. CEM II/A-S.
   b. CEM II/A-D.
   c. CEM II/A-T.
   d. CEM II/A-Q.

5. **La cal proviene de...**

   a. ... rocas calizas que son calcinadas en un horno durante varios días.
   b. ... rocas calizas que son trituradas.
   c. ... rocas calcáreas que son mezcladas con yeso.
   d. ... rocas sedimentarias trituradas.

6. **Complete el siguiente texto:**

   Con respecto a la __________ y los ____________, deberán almacenarse según su procedencia y granulometría, se protegerán de posibles fuentes de contaminación sobre lugares ____________, ____________ y ____________ y, en el caso de ser necesario, se protegerán de excesos de viento o de humedad cubriéndolos.

7. **¿Cuál de estos aditivos es el que evita que las mezclas pasen rápidamente del estado plástico al sólido?**

   a. Aditivos hidrófugos.
   b. Aditivos aceleradores del endurecimiento.
   c. Aditivos retardadores del fraguado.
   d. Aditivos aceleradores del fraguado.

8. **Los morteros preparados en el terreno se deben usar...**

   a. ... en las 3 horas posteriores.
   b. ... en las 2 horas posteriores.
   c. ... en las 4 horas posteriores.
   d. Todas las opciones son incorrectas.

9. ¿Cuál es la diferencia entre los silos de gravedad y los de presión?

10. Encuentre en la siguiente sopa de letras 5 nombres de materiales.

L	E	C	L	Y	E	S	O
E	A	Y	L	W	T	M	C
L	N	D	O	J	E	N	E
M	Ł	Q	R	O	D	T	M
N	R	R	I	I	A	F	E
O	A	S	U	R	L	A	N
O	S	L	V	C	V	L	T
P	R	I	G	F	K	N	O

Capítulo 3

Operaciones de ayuda a oficios

Contenido

1. Introducción

Las operaciones de ayuda a oficios consisten en una serie de procedimientos y técnicas auxiliares que serán fundamentales para el adecuado desarrollo de los trabajos.

A lo largo de este capítulo, se verán los diferentes equipos y técnicas para el corte de materiales (cortadoras manuales e ingletadoras), para la realización de demoliciones (martillos rompedores hidráulicos y mecánicos), para compactaciones del terreno (pisones, manuales o mecánicos, y placas vibrantes), así como para la ejecución y posterior relleno de rozas (rozadora y taladradora y técnicas para la colocación de tubos).

Para llevar a cabo todas estas operaciones de forma segura, se analizarán las normas en materia de prevención de riesgos laborales, así como los elementos de protección individual que serán de uso obligado por parte de los trabajadores.

Por último, se hará una breve incursión en las últimas tendencias en cuanto a los materiales y equipos a usar para estas operaciones.

2. Procesos y condiciones de ayudas con maquinaria ligera

En este apartado, se van a tratar las diferentes operaciones de ayuda a oficios junto con los equipos y maquinaria a usar, así como las medidas preventivas que se tomarán en torno a cada uno de estos equipos.

La normativa vigente en cuanto al uso y las disposiciones mínimas de seguridad en los equipos de trabajo están recogidas en el Real Decreto 1215/1997, de 18 de julio, por el que se establecen las disposiciones mínimas de seguridad y salud para la utilización por los trabajadores de los equipos de trabajo. Las consignas, el objetivo y análisis de seguridad de las máquinas, se pueden obtener en las NTP 235 y NTP 1117, donde se expondrán entre otras cosas la puesta en marcha y cada uno de los peligros susceptibles de ser ocasionados por el manejo de las máquinas.

2.1. Corte de materiales con cortadoras e ingletadoras

Las cortadoras son máquinas destinadas al corte y la rectificación de los materiales y se usan sobre todo para los elementos cerámicos. Existen dos tipos fundamentales de cortadoras: las cortadoras manuales y las cortadoras eléctricas o ingletadoras.

Cortadoras manuales

Las cortadoras manuales son equipos dotados de una base para la colocación de las piezas cerámicas a cortar y unas barras-guías paralelas, que se situarán sobre la base, además del cabezal de corte, que contiene un mango para su manejo.

Estas cortadoras realizan cortes rectos o diagonales en las diferentes piezas, para lo que se coloca la pieza a cortar sobre la base y se acciona manualmente el mango con el cabezal de corte, que se desplaza efectuando el corte por el trazado indicado.

Para la realización de estos cortes, es recomendable en primer lugar tomar las correspondientes medidas sobre una plantilla y plasmarlas después sobre la pieza, de modo que se evita malgastar materiales.

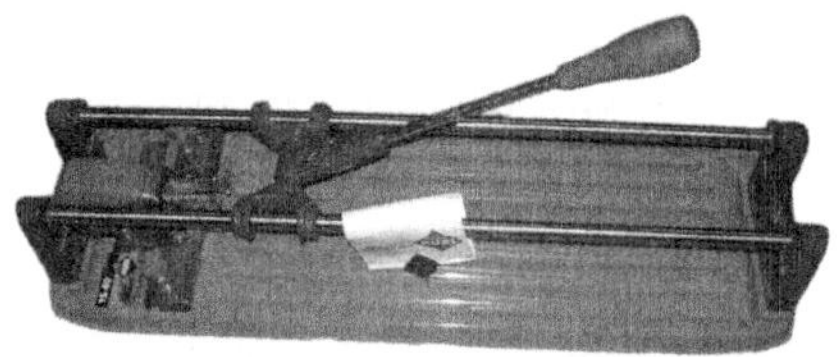

Cortadora manual

Consejo

Los materiales cerámicos a cortar, como baldosas o azulejos, deberán colocarse con la parte esmaltada hacia arriba para evitar desperfectos tras el corte.

Cortadoras eléctricas o ingletadoras

Las cortadoras eléctricas o ingletadoras son equipos que, al igual que las manuales, están destinados al corte de materiales principalmente cerámicos.

Este tipo de cortadoras contiene un disco de diamante que es accionado por un motor eléctrico y refrigerado por agua. Los materiales a cortar se colocan sobre una base móvil que se desplaza manualmente, produciendo los cortes deseados en los materiales.

Los requisitos para las cortadoras e ingletadoras eléctricas están regidas por la norma vigente UNE-EN 61029-2-11:2013/A11:2013.

Nota

Se podrá regular la altura con una manilla de la que disponen, ya que se pueden utilizar diferentes tipos de discos con distintos diámetros.

Las cortadoras eléctricas o ingletadoras pueden realizar varios tipos de corte, como los cortes rectos y los cortes en diagonal, para lo que se ayudan de las reglas de las que habitualmente disponen este tipo de máquinas.

Ingletadoras

Medidas preventivas en el uso de cortadoras manuales y eléctricas

1. Comprobar que los resguardos de seguridad se encuentran debidamente colocados.
2. Hay que prestar atención a la hora de poner en marcha estos equipos para evitar accidentes.
3. Se utilizarán guantes y gafas protectoras, así como protectores auditivos y mascarillas antipolvo.
4. Se evitará usar este tipo de máquinas en condiciones de humedad o en presencia de gases inflamables.
5. No se usarán discos que se encuentren deteriorados o en mal estado.
6. Quedará prohibido limpiar, ajustar o reparar la máquina mientras esté en funcionamiento.
7. Será necesario, al finalizar la jornada, limpiar la máquina.

Aplicación práctica

Se encuentra realizando el alicatado de un cuarto de baño de una vivienda unifamiliar, dispone de una cortadora manual y debe cortar un azulejo cuadrado en la siguiente forma:

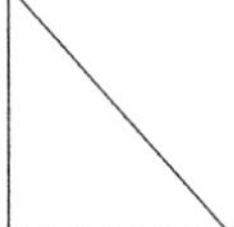

¿Qué procedimiento deberá seguir para la realización del mismo?

SOLUCIÓN

El corte realizado sobre la pieza es un corte en diagonal, ya que el azulejo que se ha descrito es de forma cuadrada. Para la realización de este corte, se seguirá el siguiente procedimiento con una cortadora manual:

- En primer lugar, se toman las medidas y se realiza el trazado sobre una plantilla. Seguidamente, se traslada la plantilla al azulejo.
- Una vez marcado el trazado que ha de seguir el corte, se coloca el azulejo sobre la base de la cortadora, con el esmalte hacia arriba. Cuando se haya situado el trazado del corte correctamente bajo las guías, se procederá al desplazamiento del cabezal de corte sobre el trazado, realizando así el corte.

2.2. Demolición parcial de elementos con martillos rompedores

Los martillos rompedores son equipos que se usan fundamentalmente en trabajos de demolición, principalmente para romper pavimentos, así como para la realización de agujeros, aunque también pueden usarse en posición vertical.

Los martillos rompedores pueden ser neumáticos o hidráulicos. En los martillos neumáticos, la fuerza se ejerce mediante un sistema de aire comprimido y, en los hidráulicos, este sistema es sustituido por un fluido hidráulico.

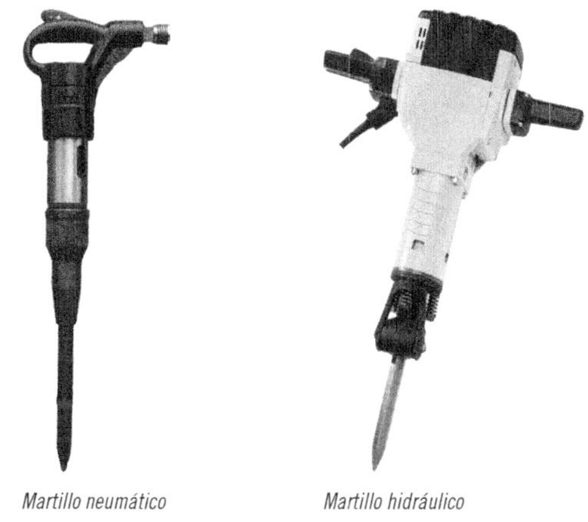

Martillo neumático *Martillo hidráulico*

Nota

En ambos casos, su funcionamiento se basa en el golpeo repetido o percusión de los materiales a demoler, funcionando como los martillos comunes, pero reduciendo el esfuerzo a realizar por parte de los operarios.

Estos martillos admiten la incorporación de diferentes accesorios, permitiendo la diversificación de los trabajos, tales como punteros, barrenas o cinceles.

Medidas preventivas para el uso de martillos rompedores

Para el uso de los martillos rompedores, deberán tenerse en consideración una serie de medidas preventivas que, en primer lugar, comenzarán por la inspección del lugar donde van a ser usados, debiéndose asegurar la zona para evitar desprendimientos, además de detectar y señalizar el posible paso de líneas eléctricas.

Todo este tipo de equipos que se usan fundamentalmente en trabajos de demolición adoptan la norma vigente UNE-EN ISO 28927-10:2011.

Las situaciones que pueden presentarse derivadas de la exposición a vibraciones mecánicas, se pueden examinar en la NTP 839; en ella aparecen los fundamentos y el método para la evaluación del riesgo.

Importante

Los martillos rompedores son elementos que transmiten vibraciones a los operarios, por lo que en la realización de las tareas deberán turnarse los trabajadores, pare evitar los efectos adversos de las vibraciones sobre una sola persona.

Antes de su uso, se deberá comprobar que todas las uniones en la pieza están correctamente ejecutadas. Especial atención se prestará en el caso de los martillos neumáticos a la unión de las mangueras, así como a que estas no dificulten el paso o puedan entorpecer al restante personal que trabaje en la obra.

Se deberán usar también los siguientes elementos de protección individual:

- Casco de seguridad.
- Guantes.
- Mascarillas antipolvo.
- Protectores auditivos.

- Botas de seguridad.
- Gafas antiproyecciones.

Operario usando un martillo rompedor neumático equipado con medidas de protección individual

2.3. Compactación de rellenos con pisones y placas vibrantes

Los rellenos se realizarán cuando la superficie se encuentra por debajo del plano donde se han de iniciar las obras, así como para las nivelaciones en los terrenos.

Los diferentes sistemas o métodos que se usan en la compactación de los suelos dependerán en todo momento de los materiales por los que esté formada la superficie a compactar.

La compactación de los rellenos consistirá en reducir los huecos que quedan entre los materiales, disminuyendo así el volumen de los mismos y aumentando su densidad. El objetivo será aumentar la estabilidad y la capacidad de soporte.

Para la compactación de rellenos, se verán a continuación los pisones de mano, los pisones automáticos y las placas vibrantes. No obstante, estos equipos se emplean para compactaciones de pequeñas superficies, usándose para compactación de grandes superficies equipos mayores como los rodillos patas de cabra.

Con el objetivo de garantizar la seguridad de estos equipos de compactación y que cumplan sus fabricantes los requisitos esenciales de seguridad y salud que se aplican a la máquina para su comercialización, deberán estar supeditados al Real Decreto 1644/2008, de 10 de octubre.

Ejemplo

Rodillo tándem

Un ejemplo de compactadores de mayores dimensiones son los rodillos tándem, usados frecuentemente en la compactación de carreteras.

Los compactadores de mayores dimensiones se utilizan para la compactación de subbases o bien mezclas bituminosas en caliente, dotados de uno o varios rodillos vibratorios. Habitualmente este tipo de maquinaria se usa para la construcción de carreteras y su norma es UNE-EN 500-6:2008+A1:2008.

Pisón de mano

El pisón de mano es un utensilio compuesto por una placa pesada y un elemento de agarre en posición vertical. Para la compactación del terreno, se deja caer el peso de forma vertical sobre el terreno a compactar.

Nota

La compactación del terreno por este medio está limitada, ya que la fuerza es menor a la aplicada en la compactación por medios mecánicos.

Pisón automático

El pisón automático, a diferencia del pisón de mano, contiene un elemento de agarre con un motor que hace que la placa pesada se eleve sobre el terreno, logrando una profundidad en la compactación mayor en los terrenos que los pisones manuales. Puede utilizarse en zonas difíciles y de espacio reducido, como por ejemplo en zanjas y rincones en muros de fábrica.

Pisón automático

Placas vibrantes

Las placas vibrantes son un método de compactación mecánica que compacta los terrenos a través de la vibración de los elementos.

Los equipos vibratorios son especialmente indicados para los suelos granulares (como la arena) y son útiles en espacios reducidos, tales como relleno de zanjas, arcenes, paseos, etc.

Máquina de placa vibrante

Medidas preventivas para el uso de equipos de compactación

En primer lugar, antes de usar maquinaria de compactación del terreno habrá que asegurarse de que los equipos contienen todas las carcasas protectoras debidamente colocadas.

Seguidamente, se riega la zona a compactar.

Se tendrá en cuenta que las máquinas compactadoras se guiarán siempre en un avance frontal y se evitarán los desplazamientos laterales.

Nota

La zona a compactar se señalizará adecuadamente.

Como medidas de protección individual, se han de llevar las siguientes:

- Cascos.
- Protectores auditivos.
- Botas.
- Guantes.
- Mascarilla antipolvo.
- Gafas antiproyecciones.

Aplicación práctica

Debe realizar la compactación de una zanja que ha sido realizada cerca de una fábrica de albañilería. La profundidad de la compactación ha de ser elevada y el relleno de la zanja está compuesto por arena. ¿Qué equipo de compactación usaría?

SOLUCIÓN

En este caso, el medio de compactación más adecuado será una placa vibratoria, debido al que el relleno de la zanja está compuesto por un material granuloso y el mejor medio para la compactación será la vibración. Además, al ser un espacio reducido, estos elementos de pequeña envergadura son muy indicados. Aunque se podrá usar también el pisón mecánico, en este caso no se podrá usar el pisón de mano, ya que la profundidad de la compactación es elevada.

2.4. Roza y perforación de elementos con rozadoras y taladros

La roza se realiza en las paredes y consiste en la apertura de canalizaciones destinadas a la introducción de tuberías o conductos eléctricos.

Roza en ladrillos huecos dobles

Una rozadora es una máquina que se usa para realizar rozas o regatas, donde se introducirán tubos protectores de los cables eléctricos, tuberías de fluidos, etc.

Nota

Las rozadoras están dotadas de mecanismos que regulan la profundidad del corte.

Existen fundamentalmente dos tipos:

- Rozadoras dotadas de sistemas de discos gemelos, que se encuentran separados por el mismo ancho que la roza a realizar.
- Rozadoras con sistemas de fresa, en las que una fresa giratoria se introduce en la superficie y se desplaza por la misma.

Rozadora de discos

Las perforaciones consisten en realizar orificios sobre los elementos y se realizan principalmente con taladros. Los taladros son equipos dotados de una broca que, mediante la rotación de la misma y el movimiento de avance, producen la perforación en los materiales. Existen en el mercado taladros mecánicos y eléctricos de diferentes tipos.

Taladro

Nota

Es frecuente que los taladros puedan adaptar diferentes accesorios para realizar funciones diferentes, como por ejemplo destornilladores, cepillos, martillos, etc.

Para la realización de las perforaciones, se realizan tres maniobras o movimientos: en primer lugar, se marca el lugar donde realizar el orificio, seguidamente, se aplica la broca y, por último, se taladra.

Consejo

Se ha de tener en cuenta que, para aquellos materiales que sean más duros, se deben usar velocidades de taladrado menores, con lo que se evita recalentar el motor o dañar la broca. En el caso de taladrar materiales más blandos, se aplicarán velocidades mayores.

Medidas preventivas para el uso de rozadoras y taladros

En el uso de rozadoras y taladros, deberán seguirse una serie de medidas en cuanto a la seguridad. Estas medidas son específicas para estos equipos.

Rozadoras

En el uso de rozadoras, debe tenerse en cuenta lo siguiente:

- No usar discos o fresas que estén desgastados o en mal estado.
- Nunca retirar las carcasas protectoras de los discos o fresas.
- Se deberá usar en todo momento un disco o fresa adecuado para el material a rozar.
- Se deberá tener especial precaución en no intentar llegar a zonas de difícil acceso y mantener siempre la posición correcta para evitar lesiones.
- Se deberán portar los equipos de protección individual apropiados (casco, mascarilla antipolvo, guantes y botas de seguridad, gafas protectoras y protectores auditivos).

Taladros

En el caso del uso de taladros, se tendrán en consideración las siguientes indicaciones:

- No se usarán brocas que se encuentren desgastadas o en mal estado.
- Para desmontar las brocas, el taladro deberá estar desconectado y, para efectuar el cambio, se usará siempre la correspondiente llave.
- No se debe presionar en exceso el talador, ya que la broca podría romperse.
- Se deberán llevar las adecuadas medidas de protección individual: botas, casco, guantes, mascarilla, protectores auditivos y gafas protectoras.

Importante

En ambos casos, las rozadoras y taladros deben estar dotados de las correspondientes medidas de seguridad frente a riesgos eléctricos, así como el cable eléctrico protegido frente a la humedad.

2.5. Colocación de tubos protectores de cables y relleno de rozas

La colocación de tubos protectores es frecuente en obras interiores. Estos tubos sirven para proteger los cables (por ejemplo los de la instalación eléctrica) y consisten en cilindros que pueden ser de diversos materiales, aunque los más usados son los de PVC.

Además, atendiendo a su forma, pueden ser lisos o corrugados y, en base a su dureza, pueden diferenciarse en rígidos, curvables o flexibles.

Nota

Las características de los tubos protectores están reguladas por normativa UNE, por la que deberán demostrar resistencia a las variaciones de temperatura y resistencia relativa a los efectos del fuego.

El trazado de las canalizaciones o rozas por donde se insertarán los tubos protectores se realiza siguiendo líneas horizontales o verticales. La profundidad de las mismas ha de ser tal que al menos el tubo quede con un recubrimiento de 1 cm, pudiendo reducirse este espesor a 0,5 cm en los ángulos.

Se deberá guardar una distancia mínima con respecto a los bordes de puertas o ventanas de 20 cm y, para las canalizaciones horizontales, se habrá de respetar una distancia de 50 cm como máximo de suelos y techos.

La curvatura de los tubos se realizará de forma continua, indicando cada fabricante la curvatura mínima disponible para cada tipo de tubo.

Tubo protector corrugado

Para el relleno de las rozas, se realizarán los siguientes pasos:

1. Mojar la roza, para mejorar el agarre.
2. Colocar el tubo protector, que se fijará con yeso para que quede bien sujeto.
3. La canalización se cubrirá con mortero, que deberá tener al menos 1 cm de espesor.

Aplicación práctica

Se han finalizado los trabajos de tabiquería interiores y, antes de pasar al enfoscado, se tiene que realizar la colocación de los tubos protectores para el cableado eléctrico. ¿Qué procedimiento seguirá para la instalación de un tubo corrugado?

SOLUCIÓN

En primer lugar, se señala el trazado por el que se realizará la roza, teniendo en cuenta las distancias mínimas con ventanas y puertas, así como con el suelo y el techo.

Seguidamente, se pasa a la apertura de la roza, para lo que se usará una rozadora eléctrica, teniendo en cuenta las dimensiones del tubo para asegurar la anchura y profundidad adecuadas.

Posteriormente, se moja la roza con agua, se coloca el yeso que servirá para la adhesión del tubo y se introduce el tubo corrugado a lo largo de la roza.

Por último, se aplica una capa de mortero de al menos 1 cm para cubrir el tubo.

3. Equipos

En los apartados anteriores, se han descrito de forma exhaustiva los medios y equipos a usar para la realización de cada uno de los trabajos que consisten en las operaciones de ayuda a oficios, por lo que, en este apartado, se verán, a modo de tabla resumen, las características fundamentales de cada uno de ellos y, de forma particular, el mantenimiento y conservación de los mismos.

3.1. Tipos y funciones, selección, comprobación y manejo

En la tabla que se muestra a continuación, se recogen de modo simplificado los diferentes equipos descritos con anterioridad.

EQUIPOS	DESCRIPCIÓN
Cortadoras	Pueden ser eléctricas o manuales. Están destinadas al corte de materiales cerámicos. La selección de las mismas se efectúa en función de la cantidad de materiales a cortar y de los requerimientos de los trabajos.
Martillos rompedores	Pueden ser hidráulicos o neumáticos. Se usan en trabajos de demolición o en la apertura de agujeros. Se podrán usar también de forma vertical.
Pisones	Son equipos usados en la compactación de las superficies, pudiendo ser manuales o mecánicos. El uso de uno u otro tipo dependerá de la presión requerida para la compactación, ejerciendo los mecánicos un mayor volumen de compactación sobre las superficies. Su uso está recomendado para la compactación de pequeñas superficies, como zanjas o espacios reducidos donde no podrán acceder otras máquinas mayores.
Placas vibrantes	Son usadas para la compactación de terrenos. Por su capacidad de vibración están especialmente recomendadas para superficies granulares. Al igual que los pisones, son de pequeña envergadura, por lo que están indicadas en las compactaciones de pequeños espacios.
Rozadoras	Se usan en la apertura de rozas o canalizaciones en fábricas de albañilería. Existen dos tipos fundamentales: las rozadoras de discos y las de fresa.
Taladros	Usados en la apertura de orificios, están dotados con una broca y, mediante los movimientos de rotación y avance, consiguen la apertura de los orificios.

En cuanto a las comprobaciones de estos equipos, se deberá siempre tener en consideración no usarlos cuando algunos de sus componentes se encuentren desgastados o deteriorados, así como que todas las uniones en sus componentes estén debidamente realizadas y que los cables eléctricos (si la máquina dispone de ellos) no presenten desperfectos, para evitar riesgos por contacto eléctrico.

Las precauciones en el manejo pasan por usar siempre el equipo adecuado para las funciones a realizar.

Ejemplo

Si la máquina está dotada de discos o brocas, habrá que comprobar que estas son las adecuadas para el material sobre el que se van a usar.

3.2. Mantenimiento, conservación y almacenamiento

El almacenamiento de los equipos se realizará en lugar habilitado para ello en la obra, que deberá estar debidamente señalizado y delimitado.

Nota

Este espacio se conservará en las adecuadas condiciones de orden e higiene.

Todos los equipos deberán almacenarse de forma ordenada, teniendo en cuenta el peso y dimensiones de los mismos. Los equipos pesados deberán colocarse sobre superficies sólidas y estables para evitar caídas.

Los equipos deberán contar con un mantenimiento adecuado, que asegure su funcionamiento, desechando elementos desgastados o en mal estado (brocas, discos de corte, etc.). Después del uso de los mismos, se deberá proceder a la limpieza de sus componentes para evitar que los restos que puedan quedar adheridos provoquen desperfectos.

4. Riesgos laborales y medioambientales, medidas de prevención

Los riesgos laborales más frecuentes relacionados con las operaciones de ayuda a oficios están relacionados sobre todo con el uso de los equipos y la maquinaria que se ha descrito con anterioridad, para lo que se han podido comprobar las medidas específicas de prevención para cada uno de ellos.

A modo de resumen general, cabe destacar los siguientes riesgos:

- Golpes: por caídas de materiales desde altura, proyecciones de materiales, golpes por el uso de la maquinaria.
- Accidentes por contactos: contacto eléctrico, contactos con las cortadoras (por ejemplo con los discos en movimiento), rozadoras, taladros, martillos rompedores, etcétera.
- Atrapamientos: por pisones, placas vibrantes, martillos rompedores.
- Sobreesfuerzo: por el uso continuado de elementos como martillos rompedores, pisones (mecánicos o manuales), placas vibrantes.
- Inhalación de polvo debido a los trabajos de demolición o de corte de materiales.
- Accidentes debidos a las superficies de tránsito por irregularidades del terreno, falta de orden y limpieza, etc.

Para evitar estos riesgos, se deberá contar con las medidas de protección adecuadas. Las medidas de protección colectiva pasan por las señalizaciones de los lugares donde se están realizando los tajos.

Ejemplo

En el caso del uso de los martillos rompedores, habrá de señalizarse el perímetro del lugar donde se están usando. Asimismo, deberán señalizarse los lugares donde se usen pisones y placas vibrantes.

Otra medida de protección colectiva consiste en mantener las zonas de trabajo limpias y ordenadas.

Se tendrá en especial consideración para la realización de estos trabajos el uso de las medidas de protección individual apropiadas, que de forma general consisten en los siguientes equipos:

- Cascos.
- Guantes de seguridad.
- Botas de seguridad.
- Mascarillas antipolvo.
- Gafas de protección.
- Protectores auditivos.
- Ropa de seguridad y chalecos reflectantes.

Nota

Dependiendo del volumen de la obra, será obligatoria la realización del estudio de seguridad y salud o del estudio básico de seguridad y salud en las obras, según el Real Decreto 1627/1997, de 24 de octubre.

Evitar o reducir los riesgos medioambientales consiste fundamentalmente en la gestión de los residuos de demoliciones y desechos de materiales, así como en prevenir la posibilidad de contaminación acústica a causa de trabajos de demolición o el ruido propio de máquinas tales como cortadoras, martillos rompedores, etcétera.

La adecuada gestión de los residuos está guiada por la Ley 7/2022, de 8 de abril, de residuos y suelos contaminados para una economía circular.

En cuanto a la normativa en materia de contaminación acústica, todos los elementos y equipos están sujetos a las disposiciones del Código técnico de la edificación (CTE), así como a la normativa vigente en las Comunidades Autónomas.

5. Materiales, técnicas y equipos innovadores y de reciente implantación

Los equipos y materiales que se usan en las operaciones de ayuda a oficios experimentan una continua evolución en el mercado, incorporando sobre todo novedosas medidas de protección y la adaptación para el trabajo con nuevos materiales.

Los diseños se modifican para obtener mejores rendimientos, evitando accidentes de trabajo y el sobreesfuerzo. En el mercado actual, se pueden encontrar máquinas, como la que se muestra en la siguiente imagen, en las que la tecnología hace posible el uso sin necesidad de contacto con el operario, evitando así los posibles riesgos derivados de su utilización.

Robot para la demolición

Los materiales de construcción están reinventándose continuamente, por lo que es necesaria cada vez más maquinaria adaptada a las nuevas necesidades.

Nota

En este sentido, existe actualmente la tendencia a la reutilización o reciclado de los materiales, proponiéndose como una de las alternativas la reutilización de materiales procedentes de las demoliciones para la fabricación de morteros, hormigones, áridos ligeros, cementos o ladrillos.

6. Resumen

A lo largo de este capítulo, se han visto las diferentes operaciones de ayuda a oficios, entre las que se pueden destacar las siguientes:

- Corte de materiales con cortadoras manuales y mecánicas (ingletadoras).
- Demoliciones de elementos: martillos rompedores hidráulicos y mecánicos.
- Compactación del terreno: pisones, manuales o mecánicos, y placas vibrantes, equipos que constituyen los elementos de compactación más usados en pequeñas superficies.
- Roza y perforación: rozadora y taladradora.
- Tubos protectores y relleno de rozas, técnicas para la colocación de tubos y para el posterior relleno de las rozas.

Asimismo, se han podido ver de forma resumida las principales características de los equipos descritos con anterioridad, así como las prescripciones para su uso y conservación.

Además, se han tratado de nuevo y de manera general los riesgos derivados de la realización de estas operaciones, así como las medidas preventivas.

Por último, se han visto las últimas tendencias en cuanto a los materiales y equipos a usar para estas operaciones.

Ejercicios de repaso y autoevaluación

1. **Las cortadoras pueden ser:**

    a. Manuales y mecánicas.
    b. Manuales y estáticas.
    c. Manuales y electrónicas.
    d. Eléctricas y móviles.

2. **¿Qué tipos de cortes se pueden realizar fundamentalmente con las cortadoras?**

    a. Curvados y rectos.
    b. Horizontales y verticales.
    c. Rectos y diagonales.
    d. Diagonales y curvados.

3. **Complete el siguiente texto.**

    Los ____________ son equipos que se usan fundamentalmente en trabajos de demolición. Son empleados principalmente para romper ____________, así como para la realización de agujeros, aunque también podrán usarse en posición ____________.

4. **De las siguientes afirmaciones, diga cuál es verdadera o falsa.**

    a. Los martillos rompedores son elementos que transmiten vibraciones a los operarios.

    ☐ Verdadero
    ☐ Falso

    b. En el uso de martillos rompedores, está indicado como medida preventiva el uso de protectores auditivos.

    ☐ Verdadero
    ☐ Falso

c. En el uso de martillos rompedores, no será necesario señalizar el perímetro de la zona donde se usarán.

- ☐ Verdadero
- ☐ Falso

5. ¿En qué consiste la compactación de rellenos?

____
____
____
____

6. Complete el siguiente texto.

La ____________ se realiza en las paredes, consiste en la apertura de ____________ y está destinada a la introducción de tuberías o conductos eléctricos.

7. Existen fundamentalmente dos tipos de rozadoras...

a. ... las mecánicas y las manuales.
b. ... las eléctricas y las manuales.
c. ... las de discos gemelos y las de sistema de fresa.
d. ... las de disco de diamante y las de sistema de fresa.

8. ¿A qué distancia deben estar situadas las rozas de los bordes de puertas y ventanas?

a. 30 cm.
b. 90 cm.
c. 45 cm.
d. 20 cm.

9. ¿Qué normativa regula la producción de residuos de construcción?

10. ¿Cuál es el objetivo principal de la compactación de los rellenos?

Capítulo 4

Operaciones de excavación, con medios manuales, de pozos y zanjas

Contenido

1. Introducción
2. Procesos y condiciones de ejecución de excavaciones
3. Puesta en obra de capas de hormigón de limpieza
4. Equipos
5. Riesgos laborales y ambientales. Medidas de prevención
6. Materiales, técnicas y equipos innovadores y de reciente implantación
7. Resumen

1. Introducción

Las operaciones de excavación en construcción pueden desarrollarse mediante el uso de medios manuales, de medios mecánicos o gracias al empleo de explosivos. El sistema elegido para cada tipo de excavación dependerá en gran medida de las características del terreno donde se llevarán a cabo las excavaciones.

Este capítulo estará centrado en la realización de excavaciones con medios manuales de pozos y zanjas. En él, se hará una relación de las operaciones a seguir, así como de los medios y técnicas usadas y de los sistemas de prevención de riesgos laborales.

Por último, se realizará un breve repaso de los nuevos equipos y materiales que se usan en las excavaciones, destacando la importancia actual de los medios mecánicos y haciendo mención a las nuevas estaciones totales y los equipos GPS que se usan en topografía y que suponen un gran avance en las operaciones de replanteo.

2. Procesos y condiciones de ejecución de excavaciones

A continuación, se verán los diferentes procesos que habrán de llevarse a cabo en la realización de excavaciones con medios manuales.

2.1. Replanteos de planta y profundidades

El replanteo consiste en plasmar, sobre el terreno o las partes del edificio en construcción, el edificio propiamente dicho o cualquiera de sus partes. Esta actividad será siempre previa al comienzo de cualquier obra. Será responsabilidad del jefe de obra.

Importante

Cualquier fallo o error cometido en esta fase afectará al desarrollo posterior de los trabajos.

La primera fase dentro del replanteo la integra el conocimiento de la superficie o terrenos, sus características físicas y geométricas, para lo que se deberá llevar a cabo un previo estudio geotécnico del terreno. En base a este estudio de la topografía del terreno, se sitúan los puntos que servirán de referencia para el desarrollo del replanteo. Se comprobará también el estado de las construcciones colindantes, examinando el entorno del lugar donde se realizarán las obras, así como la existencia de redes de servicios como electricidad, telefonía, etcétera, y, en el caso de ser necesario, se procederá a las demoliciones y limpiado de escombros.

Una vez que la superficie está acondicionada, los movimientos de tierra son el paso previo a las obras de construcción. Estos movimientos pueden ser de dos tipos, fundamentalmente: se puede extraer tierra o aportar tierra, con lo que se consigue la nivelación del terreno necesaria para la realización de la obra. Una vez que el terreno se encuentra en las adecuadas condiciones, se procede a realizar sobre el mismo el replanteo de la planta del edificio.

Para el replanteo de pozos y zanjas, se tendrá en cuenta lo siguiente:

- La cota de fondo de la excavación: supone el límite inferior hasta el que debe realizarse la excavación.
- El talud de excavación: es la inclinación que deberán tener las paredes del pozo o zanja y depende en gran medida de las características del terreno donde se ha de llevar a cabo la misma.

De forma general, la realización del replanteo de las zanjas o pozos se lleva a cabo mediante la siguiente secuencia:

1. En primer lugar, se procede al despeje y desbroce del terreno.
2. Seguidamente, se colocan las estacas sobre los puntos de referencia, con una distancia máxima de separación de 10 m entre ellas. En el caso de usar jalones o niveletas en lugar de estacas, se coloca una en cada extremo de la alineación y otra en la mitad, con lo que quedará marcada la línea del perímetro de la zanja o pozo.
3. Una vez están colocadas las estacas, jalones o niveletas, se definen los perfiles, que supondrán el perímetro del pozo o zanja. Este procedimiento se realiza mediante la colocación de hilos o cordeles que se guiarán mediante las estacas previamente colocadas.
4. Una vez realizados los perfiles, se señalan el ángulo del talud y la cota de fondo de la excavación para cada tramo. Asimismo, se procede al marcado del perímetro de la zanja mediante pinturas, *sprays* u otros medios, de modo que se pueda proceder a retirar los hilos y estacas para facilitar los posteriores trabajos de excavación.

Definición

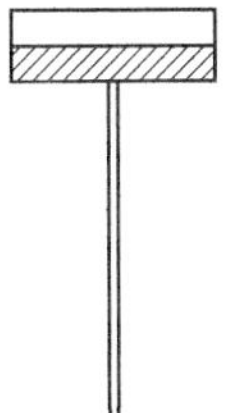

Jalones o niveletas
Instrumentos compuestos por un soporte vertical y un travesaño horizontal, habitualmente pintado de colores, que servirán para la señalización de las alineaciones.

Estaca
Pieza en forma de prisma y terminada en punta que se clava en el terreno para señalizar un punto o referencia en el replanteo.

Marcado de zanjas mediante spray

2.2. Excavación con medios manuales

La excavación consiste en la retirada o extracción de materiales del terreno. Esta operación puede efectuarse con el objetivo de la nivelación del terreno donde se realizará la obra, como ya se ha señalado, o, como es el caso, para la realización de pozos o zanjas que, generalmente, sirven para enterrar conducciones de servicios o para ubicar cimientos.

Excavación de zanja para la colocación de tuberías de servicios

En función del procedimiento que se use para la excavación, se pueden diferenciar los siguientes tipos:

- Excavación con medios manuales.
- Excavación con medios mecánicos.
- Excavación mediante explosivos.

Este apartado se centrará exclusivamente en las labores de excavación con medios manuales, que lleva aparejadas las labores de apertura, refinado y limpieza del fondo.

El primer elemento a tener en consideración en la excavación de zanjas o pozos es el propio terreno, ya que de las características de este van a depender los trabajos, así como las medidas de prevención a observar en los mismos. La composición del terreno va a determinar la posibilidad de deslizamiento del mismo.

En general, se considera excavación de zanjas cuando su anchura es igual o inferior a 2 m y su profundidad no supera los 7 m. A partir de una profundidad igual o superior a 0,80 m en terrenos corrientes y 1,30 m en terrenos consistentes, se considera excavación peligrosa, por lo que será necesario asegurar las verticales por medio de entibaciones, que consisten en un medio de protección colectiva, por lo que serán descritas con mayor detenimiento más adelante, en el apartado destinado a las medidas de prevención.

Nota

Otro aspecto importante a tener en cuenta son las condiciones meteorológicas, que pueden producir, por ejemplo, el desplazamiento de los materiales por lluvia.

Las herramientas y equipos que se usan en las labores de excavación o apertura van a depender de la dureza del terreno o superficie. Habitualmente, son las siguientes:

- **Pala:** usada para el desalojo de tierras o materiales en terrenos de baja dureza.
- **Pico:** se usa para disgregar o romper los materiales que constituyen el terreno antes de su posterior retirada. Se emplean en terrenos con una dureza media.

- **Cincel o cuña:** consiste en una barra de acero cilíndrica acabada en punta, cuya función es romper las rocas o piedras al ser golpeada por un mazo o marro. Son usados en terrenos con una alta dureza.
- **Martillos rompedores:** hidráulicos o neumáticos, su función es la de romper los elementos que constituyen el terreno previamente a su retirada. Se usan en terrenos con una dureza alta.

Partes de un cincel

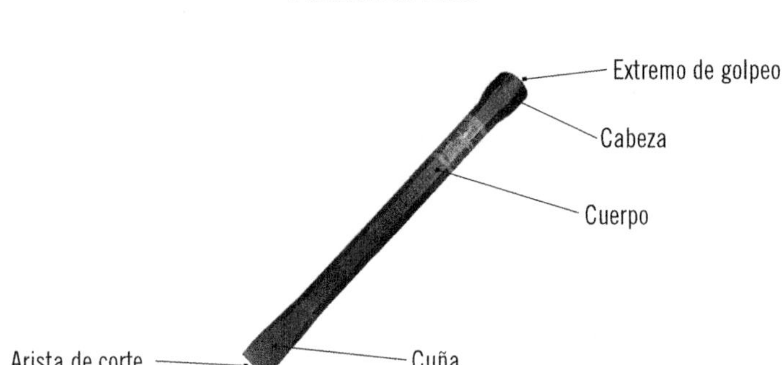

Asimismo, estas herramientas o equipos deberán acompañarse de las herramientas adecuadas para la retirada o acarreo de los materiales, como por ejemplo espuertas, carretillas, etc.

Importante

En el caso de encontrar agua y que esta inunde los pozos o zanjas, será necesario extraerla mediante bombas de achique.

Aplicación práctica

Antonio se dispone a realizar una zanja de 0,40 m de ancho y 0,60 m de profundidad. El terreno presenta una buena cohesión y una dureza media. ¿Qué herramientas tendrá qué utilizar Antonio para dicha excavación?

SOLUCIÓN

Antonio, en primer lugar, utilizará un pico para las labores de apertura de la zanja y, a medida que vaya realizando la excavación, retirará la tierra con una pala y, en caso de encontrarse con alguna piedra, usará el cincel o cuña.

El acopio de los materiales extraídos de la zanja o pozo se ha de realizar siempre a un mismo lado de los mismos y a una distancia superior a 60 cm, con el objetivo de evitar la caída de estos materiales hacia el interior de la zanja o pozo.

En el caso de zanjas cuya profundidad supere los 1,30 m, siempre y cuando se encuentren operarios trabajando en su interior, se deberá mantener un operario de retén en el exterior, que servirá de ayuda en el trabajo y será el encargado de dar la alarma en el caso de producirse una situación de emergencia.

Nota

Las zanjas o pozos estarán dotados de escaleras o rampas debidamente señalizadas y contando con las adecuadas medidas de protección, que servirán para la entrada y salida de los operarios de la excavación.

2.3. Perfilado y refino de zanjas y pozos. Refino de fondos horizontales y con pendientes. Perfilado de laterales

Una vez finalizado el proceso de apertura de la zanja o pozo, se realiza el refino y perfilado manual de los laterales y la limpieza de los fondos. Este proceso consiste en regularizar manualmente la superficie de los taludes y los fondos de excavación, evitando que pudiesen quedar protuberancias rocosas.

Para taludes cuya profundidad sea menor a 1,30 m y en terrenos coherentes, sin cimentaciones o viales, se podrán realizar taludes sin entibar. La mejor medida de prevención frente a desprendimientos en estos casos será el ataluzado adecuado de las verticales.

Pozo excavado con medios manuales

Importante

En todo caso, el ángulo máximo de inclinación del talud no superará los 60º o el valor natural de talud del terreno.

En el caso de que la zanja o pozo se realice para la instalación de conducciones de servicios, se efectúa la nivelación del fondo mediante una cama de apoyo, sobre la que descansarán dichas conducciones.

Para las operaciones de limpieza o vaciado de materiales, puede ser necesario el establecimiento de rampas, que faciliten la retirada de materiales por medios manuales o mecánicos. La anchura y la pendiente de las mismas será la adecuada para facilitar el paso de personas, materiales y equipos a través de ellas.

3. Puesta en obra de capas de hormigón de limpieza

Las operaciones de puesta en obra de hormigón de limpieza y nivelación consisten en el vertido de capas de hormigón. Este hormigón será de baja resistencia y su grosor no superará los 10-15 cm. Esta operación se realiza para la nivelación de las zanjas y protección del armado. Se usa fundamentalmente en operaciones de cimentación.

El uso de las capas de hormigón de limpieza en las cimentaciones viene dado por las siguientes razones:

- Mantener limpia la superficie de hormigonado, para que en la posterior fase, cuando se añada el hormigón de recubrimiento, se encuentre en perfecto estado sin mezclarse con el terreno.
- Garantizar la rigidez y dureza adecuada para que la cimentación sea homogénea y la colocación de separadores se realice sin clavarse.

Separadores de hormigón y plástico

Los separadores mantendrán la distancia suficiente entre la capa de hormigón y la armadura.

Capa de hormigón de limpieza

- Dotar a la superficie de homogeneidad, nivelación y uniformidad.

Deberán transcurrir como mínimo 24 h desde el moldeo de esta capa hasta la construcción en la misma.

Consejo

El vertido del hormigón debe realizarse a distancias cortas, evitando la formación de acumulaciones. De esta forma, se reduce la realización de movimientos transversales importantes para que el hormigón alcance su lugar definitivo.

Sobre esta capa de hormigón de limpieza se coloca el armado y, en su caso, encofrado.

4. Equipos

En este apartado, se reunirán los equipos usados en las diferentes operaciones de excavación con medios manuales.

Capa de hormigón de limpieza sobre la que se han colocado los separadores y el armado

4.1. Tipos y funciones. Selección y comprobación

Los equipos y herramientas usados en los procedimientos que se han visto con anterioridad se describen en la siguiente tabla, pues todos ellos se han visto previamente a lo largo de este y los anteriores capítulos.

EQUIPOS Y HERRAMIENTAS	FUNCIONES, SELECCIÓN Y COMPROBACIÓN
Cinta métrica	Se usa en las operaciones de replanteo para la realización de las mediciones sobre el terreno y la señalización de los elementos y puntos de referencia. Su selección se realiza en base a la longitud de las mismas, debiendo tener la longitud apropiada para la realización de las mediciones.

Continúa en página siguiente >>

<< Viene de página anterior

EQUIPOS Y HERRAMIENTAS	FUNCIONES, SELECCIÓN Y COMPROBACIÓN
Estacas	Se usan en la señalización de puntos de referencia en el replanteo de zanjas y pozos y sirven de guía para los cordeles o hilos. Se debe comprobar su estado antes de su uso, evitando usar estacas deterioradas.
Jalones o niveletas	Elementos similares en su función a las estacas, su altura será superior y estarán dotados en su travesaño horizontal de colores, que mejorarán su visibilidad. Se evitará el uso de niveletas o jalones en mal estado.
Cordel o hilos	Su uso está destinado a la señalización del perímetro o perfiles de las zanjas o pozos, se colocan en base a las estacas previamente colocadas. Deben encontrarse en las adecuadas condiciones para su uso, para lo que se evitará el uso de hilos o cordeles deteriorados y que puedan romperse.
Plomada	Se usa en las labores de replanteo para asegurar la verticalidad de los perfiles de zanjas y pozos.
Nivel de burbuja	Asegura la adecuada nivelación, tanto en los fondos como en las verticales.
Nivel de manguera	Sirve para medir la nivelación del terreno donde se realizará el replanteo. En su comprobación, se debe tener especial precaución con que no presente fugas.
Sprays o pinturas	Se usan para delimitar el perímetro de las zanjas o pozos. En todo caso, el color de los sprays o pinturas que se usen deberá ser claramente visible y diferenciarse del terreno.
Pala	Esta herramienta se ha descrito con anterioridad en varias ocasiones debido a su uso generalizado en diferentes operaciones en las obras de construcción. En este caso, su uso se encontrará ligado a la excavación de zanjas y pozos, constituyendo un elemento para la extracción de materiales relativamente blandos y la retirada de los mismos. Nunca deberán usarse palas deterioradas o en mal estado.
Pico	Su uso se ha descrito en relación a la excavación de zanjas para materiales de una dureza media. Este instrumento sirve para la rotura de las durezas que pueda contener el terreno previamente a su extracción. Se deberá verificar antes de uso que se encuentre en perfectas condiciones, sin contener roturas o desperfectos que puedan provocar accidentes.
Cincel o cuña	Su uso estará acompañado de un mazo o martillo de golpeo. Se emplea para la excavación y rotura de materiales duros de forma manual en las operaciones de apertura de zanjas y pozos. En todo caso, debe comprobarse su integridad antes de pasar a su uso como medida para evitar posibles accidente.

Continúa en página siguiente >>

<< Viene de página anterior

EQUIPOS Y HERRAMIENTAS	FUNCIONES, SELECCIÓN Y COMPROBACIÓN
Martillos rompedores	Suponen un equipo ligero, por lo que se han incluido en las operaciones manuales de excavación. Su uso en este caso está indicado en la rotura de superficies duras para su posterior extracción.
Separadores	Se limitan a servir de elemento de separación entre la capa de hormigón y la armadura. En todo caso, los separadores deberán estar sujetos a la normativa UNE, que regula su composición y resistencia.
Batidera	Este elemento se usa para extender las capas de hormigonado de limpieza. Para su uso, deberá encontrarse libre de desperfectos, desgastes o roturas.

A estos equipos, deberán añadirse aquellos correspondientes a la limpieza y evacuación de residuos, vistos con anterioridad.

4.2. Manejo, mantenimiento, conservación y almacenamiento

Para el almacenamiento de estos equipos, se dispondrá en la obra de un lugar adecuado que asegure su integridad y los aleje de humedades y otras sustancias que puedan provocar desperfectos.

Nota

El almacenamiento se realizará siempre de forma ordenada, colocando aquellos materiales más pesados siempre en contacto con una superficie que asegure su estabilidad.

En las operaciones de conservación, se asegurará que los equipos se encuentren libres de desperfectos que puedan ocasionar roturas en los mismos. Aquellas piezas que se encuentren desgastadas deben ser sustituidas y, de no ser esto posible, se procederá a la retirada de la herramienta.

En cuanto al manejo de las herramientas y equipos, se asegurará, en la medida de lo posible, que sea siempre el mismo operario el que use la misma herramienta.

Importante

En todo caso, los operarios o trabajadores deben estar adecuadamente formados en el uso de la herramienta o equipo, así como en prevención de riesgos laborales, como medida para evitar posibles accidentes.

Aplicación práctica

Se encuentra trabajando en el proceso de cimentación de una obra. ¿Qué operación deberá realizar antes de colocar el armado? Justifique su respuesta.

SOLUCIÓN

Se debe poner una capa de hormigón de limpieza, capa que servirá para mantener limpia la superficie, dotará de rigidez y dureza la cimentación, hará la superficie más homogénea y permitirá sobre ella la colocación de los separadores y posteriormente del armado y, en su caso, el encofrado.

5. Riesgos laborales y ambientales. Medidas de prevención

Como medidas de prevención de riesgos laborales, de forma general, en las excavaciones se deberán tener en consideración las siguientes:

1. La realización del estudio geotécnico y topográfico del terreno, que revelará las medidas preventivas a adoptar en las posteriores operaciones y señalará la localización de los conductos públicos subterráneos

que pudiesen interferir en la realización de las obras, para solicitar el corte del suministro si fuese necesario.

2. La señalización mediante vallas, luces, pasarelas para operarios, etcétera. Se deben proteger mediante barandillas las zonas donde exista riesgo de caída. Asimismo, las pasarelas deben estar dotadas de vallas de seguridad de 1 m de altura, dotadas de listón intermedio y rodapié.
3. Se debe conocer el estado de las construcciones que se sitúen en el perímetro de las obras y se procederá a su aseguramiento en el caso de ser necesario.
4. La limpieza y preparación del terreno.
5. Se debe disponer de escaleras para facilitar la bajada y subida de los operarios de las zanjas o pozos. Estas escaleras deberán sobrepasar 1 m el límite superior de la zanja o pozo y encontrarse debidamente ancladas.

Como principal medida de prevención de riesgos laborales en las operaciones de excavación de pozos y zanjas, hay que señalar las entibaciones, que, como ya se ha visto con anterioridad, suponen un medio de fijación y sostén de los terrenos para evitar posibles derrumbes o deslizamientos de los mismos.

Definición

Entibar

Consiste en la fijación de la vertical mediante el uso de tablones, paneles de madera puntales, etc.

Es posible diferenciar los siguientes tipos de entibaciones en la excavación de pozos o zanjas:

- **Entibación con tablas horizontales:** se usa cuando el terreno presenta la suficiente cohesión. Se realiza mediante la colocación de tablones en forma horizontal que alcanzan la profundidad de la excavación.

- **Entibación con tablas verticales:** se usa en el caso de que el terreno no presente la adecuada consistencia o no haya seguridad de la misma. Este tipo de entibación se realiza por tramos (que no deben superar la profundidad de 1,50 o 1,80 m). Las tablas se sujetan a la base inferior de la zanja o pozo.
- **Entibación cuajada, semicuajada y ligera:** independientemente de que la entibación se realice con tablas horizontales o verticales, dependiendo de la superficie vertical a cubrir, se diferencian los siguientes tipos:

  - Cuajada: cuando se cubre por completo la pared de excavación.
  - Semicuajada: cuando se cubre aproximadamente el 50 % de la pared.
  - Ligera: cuando se cubre menos del 50 % de la pared.

Entibación cuajada

El tipo de entibación a usar vendrá dado en todo momento por las características del terreno y su empleo será preceptivo siempre que se sobrepase la profundidad de 0,80 m en terrenos corriente y 1,30 m en terrenos consistentes.

Será importante que las uniones entre puntales y tablones sean sólidas y resistentes y que la entibación se vaya realizando de forma paralela al avance de los trabajos para asegurar la integridad de los trabajadores.

En los trabajos de entibación en las zanjas, es muy habitual que se produzcan accidentes graves o mortales por desprendimientos de tierra, las indicaciones sobre la prevención de estos desprendimientos y las medidas para garantizar el trabajo en el interior de las mismas; se pueden obtener datos en las NTP 278 y NTP 820.

Consejo

Es conveniente que la entibación sobresalga al menos 20 cm de la pared de las zanjas o pozos para evitar la caída de objetos o materiales al lugar de la excavación.

Las medidas de protección individual que se tomarán en los trabajos de excavación con medios manuales de pozos y zanjas consisten en el equipamiento de los trabajadores con los siguientes sistemas de protección individual:

- Cuando se trabaje en taludes o lugares en los que haya posibilidad de caídas de altura, se usarán arneses de seguridad.
- Casco de seguridad.
- Botas de puntera reforzada, que serán de goma en el caso de terrenos húmedos.
- Protectores auditivos.
- Guantes.
- Ropa de seguridad.
- Mascarilla antipolvo.
- Cinturón lumbar antivibraciones.
- Gafas antiproyecciones.

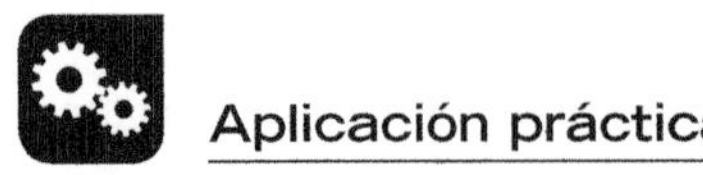

Aplicación práctica

Se va a realizar la excavación de un pozo de 1,80 m de profundidad y 3,50 m de ancho. El terreno presenta una alta inestabilidad. ¿Qué medidas de protección se tendrán que llevar a cabo?

SOLUCIÓN

En primer lugar, habrá que usar un sistema de entibación, el elegido será el más adecuado a las características del terreno.

Los operarios deberán llevar las adecuadas medidas de protección individual: cascos, botas, ropa de seguridad, guantes, gafas antiproyecciones, mascarillas y protectores auditivos y, en el caso de usar martillos rompedores, deberán llevar también cinturones antivibraciones.

Además, deberá siempre permanecer un operario fuera de la zanja, como medio de ayuda a los trabajadores que se encuentren dentro y para dar el aviso en el caso de accidente.

6. Materiales, técnicas y equipos innovadores y de reciente implantación

En la actualidad, el uso de herramientas y equipos innovadores pasa por la mecanización que ha surgido en estos trabajos. Cada vez, la maquinaria para la realización de pozos y zanjas se hace más flexible en sus características, por lo que puede adaptarse a multitud de circunstancias en las que con anterioridad solo podían realizarse los trabajos por medios manuales.

Ejemplo

Muestras de esta nueva maquinaria pueden ser los siguientes:

- Tractores bulldozer o ripper.
- Motoniveladoras.
- Pala cargadora.
- Excavadora.
- Retrocargadora.

Esta maquinaria ha sustituido la excavación con medios manuales en gran medida.

Otro avance destacable que se ha producido consiste en la introducción de las nuevas tecnologías en los estudios geotécnicos y topográficos, pasándose de los medios manuales a las conocidas como estaciones totales y al uso del GPS, que muestran con mayor exactitud la topografía del terreno, evitando posibles errores en los replanteos.

Estación total

7. Resumen

En este capítulo, se han visto las operaciones necesarias para llevar a cabo las excavaciones de pozos y zanjas mediante medios manuales. Estas operaciones se pueden resumir en las siguientes:

- Replanteo de la planta y profundidades, donde se ha visto cuáles son las operaciones previas a la excavación.
- Excavación con medios manuales, donde se ha explicado el procedimiento a seguir para la realización de las excavaciones.
- Operaciones de perfilado y refino de zanjas y pozos, donde se ha visto en qué consisten el perfilado y refino de las zanjas y pozos, así como su utilidad.
- Capas de hormigón de limpieza, características y condiciones de utilización.

A continuación, se ha realizado una relación de los equipos y materiales más usados en las excavaciones de zanjas y pozos con medios manuales y se ha visto su selección y comprobación, así como su conservación y mantenimiento.

Asimismo, se ha reparado en las medidas de prevención de riesgos laborales, haciendo especial hincapié en la realización de las entibaciones, explicando sus características y usos.

Por último, se ha realizado un breve repaso sobre los nuevos equipos y materiales que se usan en las excavaciones, destacando la importancia actual de los medios mecánicos y haciendo mención a las nuevas estaciones totales que se usan en topografía y que suponen un gran avance en las operaciones de replanteo.

Ejercicios de repaso y autoevaluación

1. ¿En qué consiste el replanteo?

____
____
____
____

2. Relacione las siguientes herramientas con el trabajo al que están destinadas en las operaciones de excavación con medios manuales.

a. Replanteo.
b. Excavación.

__ Estaca.
__ Pico.
__ Cinta métrica.
__ Martillo rompedor.

3. Complete el siguiente texto.

Las __________ suponen un medio de fijación y sostén de los terrenos para evitar posibles __________ o __________ de los mismos. Consisten en la fijación de la vertical mediante el uso de __________, paneles de madera, puntales, etcétera.

4. ¿A partir de qué profundidad se considera peligrosa una zanja?

a. 0,80 m para terrenos corrientes y 1,30 m para terrenos consistentes.
b. 0,90 m para terrenos corrientes y 1,30 m para terrenos consistentes.
c. 0,80 m para terrenos consistentes y 1,30 m para terrenos corrientes.
d. 0,90 m para terrenos consistentes y 1, 20 m para terrenos corrientes.

5. ¿Con qué finalidades se usa el hormigón de limpieza?

____
____
____
____

6. Atendiendo al porcentaje de superficie que cubren, ¿cuántos tipos de entibación es posible diferenciar?

____
____
____
____

7. Enumere al menos 3 herramientas que se usen para la apertura o excavación de pozos y zanjas.

____
____
____
____

8. Se considerará excavación de zanjas cuando su anchura sea igual o inferior a...

a. ... 3 m.
b. ... 1,5 m.
c. ... 50 cm.
d. ... 2 m.

9. Complete el siguiente texto.

En el caso de ____________ cuya profundidad supere los 1,30 m, siempre y cuando se encuentren operarios trabajando en su interior, se deberá mantener un __________ de retén en el exterior. Este operario servirá de ayuda en el trabajo y será el encargado de dar la __________ en el caso de producirse una situación de emergencia.

10. Encuentre en la siguiente sopa de letras 5 herramientas o equipos usados en la excavación manual de pozos y zanjas.

A	B	W	M	N	D	F	E	I	F
P	Q	X	V	J	W	Y	O	L	R
A	T	T	H	T	A	H	Ñ	P	A
L	P	G	Y	R	L	T	L	D	D
A	I	J	P	R	K	B	I	V	A
C	T	S	I	A	I	J	H	C	M
D	S	K	C	P	A	E	M	X	O
Z	E	E	O	C	O	R	D	E	L
Y	F	I	J	U	M	H	D	Z	P
U	U	Ñ	D	L	N	V	R	O	O

Capítulo 5

Seguridad básica en obras de construcción

Contenido

1. Introducción
2. Legislación relativa a prevención y a seguridad y salud en obras de construcción
3. Accidentes laborales: tipos, causas, efectos y estadísticas
4. Procedimientos de actuación y primeros auxilios en casos de accidente
5. Equipos de protección individual y colectiva. Tipos, normativa y criterios de utilización
6. Medidas de seguridad y prevención de riesgos en la utilización de equipos y herramientas
7. Resumen

1. Introducción

A lo largo de este capítulo, se analizarán la seguridad y la prevención de riesgos laborales en las obras de construcción.

En un primer apartado, se realizará una relación de la legislación que afecta de uno u otro modo a la prevención en construcción, para, seguidamente, pasar a ver qué se consideran accidentes laborales, cuáles son sus tipos y sus causas más frecuentes. A continuación, se verá de forma breve en qué consisten los primeros auxilios, para lo que se hará una relación de los procedimientos a seguir en los casos más frecuentes de riesgo en el sector de la construcción.

Un aspecto muy importante dentro de la prevención lo constituyen los equipos de seguridad individual y colectiva. Aunque este apartado se ha visto de forma transversal en los anteriores capítulos, se hará un breve resumen de los EPI más usados y las medidas de protección colectiva.

Para finalizar, se hará referencia a las medidas de seguridad y prevención en el uso de equipos y maquinaria, para lo que se recogerán también aquellas que se han visto a lo largo de los diferentes capítulos anteriores.

2. Legislación relativa a prevención y a seguridad y salud en obras de construcción

La normativa que regula la prevención de riesgos laborales en la construcción, así como la que regula la seguridad y salud en las obras de construcción es muy extensa.

En general, las obras de construcción se regirán por la siguiente legislación:

- Ley 31/1995, de 8 de noviembre, de Prevención de Riesgos Laborales. Esta ley se encarga de promover la seguridad y la salud de los trabajadores sea cual sea su ámbito o lugar de trabajo, para lo que desarrolla una serie de medidas o principios a seguir tanto por las administraciones como por los empresarios, los trabajadores y sus correspondientes asociaciones representativas.

- Real Decreto 1627/1997, de 24 de octubre, por el que se establecen las disposiciones mínimas de seguridad y salud en las obras de construcción. Este real decreto aplica la normativa desarrollada en la Ley 31/1995 (LPRL) al ámbito de la construcción.
- Real Decreto 604/2006, de 19 de mayo, por el que se modifican el Real Decreto 39/1997, de 17 de enero, por el que se aprueba el Reglamento de los servicios de prevención, y el Real Decreto 1627/1997, de 24 de octubre, por el que se establecen las disposiciones mínimas de seguridad y salud en las obras de construcción. Constituye una ampliación y modificación de la anterior normativa, pero sin llegar a derogarla.
- Real Decreto 1215/1997, de 18 de julio, por el que se establecen las disposiciones mínimas de seguridad y salud para la utilización por los trabajadores de los equipos de trabajo. Esta norma desarrolla el contenido de la Ley 31/1995 (LPRL) para el uso de equipos y maquinaria por parte de los trabajadores en su puesto de trabajo.
- Real Decreto 773/1997, de 30 de mayo, sobre disposiciones mínimas de seguridad y salud relativas a la utilización por los trabajadores de equipos de protección individual. Este real decreto regula la elección, uso y mantenimiento de los equipos de protección individual.
- Real Decreto 2177/2004, de 12 de noviembre, por el que se modifica el Real Decreto 1215/1997, de 18 de julio, por el que se establecen las disposiciones mínimas de seguridad y salud para la utilización por los trabajadores de los equipos de trabajo, en materia de trabajos temporales en altura. Esta norma introduce modificaciones al Real Decreto 1215/1997 en materia de prevención de riesgos de cara al uso de maquinaria y trabajos temporales en altura.
- Real Decreto 485/1997, de 14 de abril, sobre disposiciones mínimas en materia de señalización de seguridad y salud en el trabajo. Este real decreto establece aquellas medidas de señalización de uso necesario para la protección de la seguridad y la salud en el ámbito del trabajo.
- Real Decreto 486/1997, de 14 de abril, por el que se establecen las disposiciones mínimas de seguridad y salud en los lugares de trabajo. En este real decreto se desarrollan las condiciones mínimas que han de mantener los lugares de trabajo, en cuanto a higiene, condiciones ambientales, etcétera, estableciendo también las obligaciones del empresario.

- Real Decreto 487/1997, de 14 de abril, por el que se establecen las disposiciones mínimas de seguridad y salud relativas a la manipulación manual de cargas que entrañe riesgos, en particular dorsolumbares, para los trabajadores. En este real decreto se desarrollan las indicaciones en materia de prevención de riesgos laborales para el levantamiento y transporte de cargas de forma manual por parte de los trabajadores.
- Real Decreto 837/2003, de 27 de junio, por el que se aprueba el nuevo texto modificado y refundido de la Instrucción técnica complementaria MIE-AEM-4 del Reglamento de aparatos de elevación y manutención, referente a grúas móviles autopropulsadas. A través de este real decreto, se introducen las condiciones técnicas para la manipulación de grúas móviles.
- Real Decreto 842/2002, de 2 de agosto, por el que se aprueba el Reglamento electrotécnico para baja tensión (REBT). En concreto, por la guía técnica ITC-BT-33 y la ITC-BT-24, esta normativa regula la instalación de instalaciones eléctricas en obras.

Nota

La LPRL sirve de ley marco de referencia para la legislación en cada sector profesional en concreto.

3. Accidentes laborales: tipos, causas, efectos y estadísticas

La Ley General de la Seguridad Social define accidente de trabajo como:

Toda lesión corporal que el trabajador sufra con ocasión o por consecuencia del trabajo que ejecute por cuenta ajena.

Nota

La Ley General de la Seguridad Social se desarrolla en el Real Decreto Legislativo 8/2015, de 30 de octubre, por el que se aprueba el Texto Refundido de la Ley General de la Seguridad Social.

En la Ley 31/1995 , de 8 de noviembre, LPRL, se amplía el concepto de accidente y se establecen las siguientes definiciones relacionadas con los riesgos laborales y su protección:

Se entenderá como riesgo laboral la posibilidad de que un trabajador sufra un determinado daño derivado del trabajo. Para calificar un riesgo desde el punto de vista de su gravedad, se valorarán conjuntamente la probabilidad de que se produzca el daño y la severidad del mismo.

Se considerarán como daños derivados del trabajo las enfermedades, patologías o lesiones sufridas con motivo u ocasión del trabajo.

Se entenderá como riesgo laboral grave e inminente aquel que resulte probable racionalmente que se materialice en un futuro inmediato y pueda suponer un daño grave para la salud de los trabajadores.

En general, los accidentes de trabajo en construcción se pueden enmarcar dentro de alguno de los tipos que se establecen en la siguiente tabla.

TIPOS DE ACCIDENTES	CAUSAS
Golpes	- Caídas del material desde altura. - Por materiales que están siendo transportados. - Por materiales proyectados.
Accidentes por contacto	- Contacto con electricidad. - Contacto con objetos o equipos cortantes o punzantes.

Continúa en página siguiente >>

<< Viene de página anterior

TIPOS DE ACCIDENTES	CAUSAS
Atrapamientos	- Con equipos o maquinaria. - Por derrumbes.
Caídas	- Caídas de trabajadores desde altura (andamios, zanjas o pozos, aperturas en el piso, escaleras, elevadores, etcétera). - Caídas en la superficie de tránsito, a causa de irregularidades en el suelo o tropiezos con equipos o materiales.
Atropellamientos	- Maquinaria o vehículos en avance o retroceso.
Sobreesfuerzos	- Principalmente debidos a posiciones incorrectas en la manipulación y transporte manual de cargas o a excesos de carga.
Accidentes in itinere	- Se considerarán también accidentes de trabajo aquellos que se puedan producir en los trabajadores en los desplazamientos hacia el lugar de trabajo o desde el trabajo al domicilio.

Las estadísticas que muestra el Instituto Nacional de Seguridad y Salud en el Trabajo en el informe de siniestralidad para el periodo agosto 2023 - julio 2024 muestran un descenso en el número de accidentes laborales en construcción con respecto al mismo periodo del año 2022-2023. En total, los accidentes laborales en construcción descienden un 3,8 %, aumentándose las cifras de accidentes mortales en un 7,4 %. Las cifras de accidentes en jornada de trabajo han descendido en 1.250 y en accidentes mortales en jornada de trabajo han aumentado en 12 en relación con el periodo anterior.

Sabía que...

La crisis financiera que tuvo lugar en 2008 y que duró hasta el 2013, ocasionó un grave descenso de población trabajadora, en mayor parte al sector de la construcción. En 2020, hubo otra crisis, que propició una caída superior al 21 %.

En la siguiente tabla, se muestra una comparativa del número total de accidentes en la construcción con respecto a otros sectores productivos.

Periodo: Agosto 2023 - Julio 2024

TOTAL NACIONAL					
	Agrario	**Industria**	**Construcción**	**Servicios**	**Total**
Índice de incidencia total	4.072	4.458	5.889	2.044	2.666
Variación porcentual (*)	-0,9	-0,7	-3,8	-2,9	-2,7
Índice de incidencia mortal	9,7	3,8	10,2	1,9	3
Variación porcentual (*)	-8,5	-13,6	-7,4	-5	-3,2
Población afiliada	704.009	2.381.727	1.394.395	15.681.618	20.161.750
Variación porcentual (*)	1,3	1,8	2,3	2,8	2,6
Accidentes en jornada de trabajo	28.667	106.161	82.115	320.427	537.370
Variación(*)	109	1.179	-1.250	-599	-561
Accidentes mortales en jornada de trabajo	68	91	142	298	599

Continúa en página siguiente >>

<< Viene de página anterior

TOTAL NACIONAL					
	Agrario	**Industria**	**Construcción**	**Servicios**	**Total**
Variación(*)	-6	-11	12	-13	-18

(*) La variación se calcula respecto al periodo de doce meses inmediatamente anterior (agosto 2022 - julio 2023)

Datos extraídos del informe de siniestralidad para el período agosto 2023 - julio 2024 del Instituto Nacional de Seguridad y Salud en el Trabajo.

Aunque el número de accidentes laborales ha disminuido en el sector de la construcción, sigue causando una alta incidencia, siendo el sector con más accidentes con baja en jornada de trabajo por sector de actividad, como se muestra en el siguiente gráfico.

Índice de incidencia de accidentes en jornada con baja, por secciones de actividad económica (Avance enero 2023 vs Avance enero 2022)

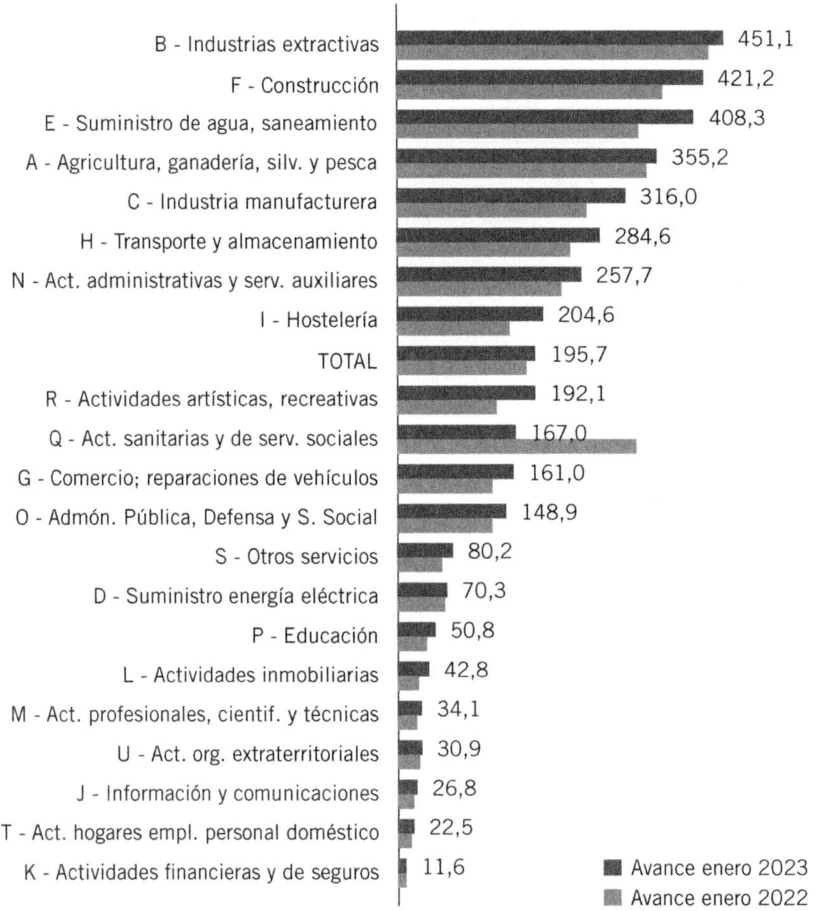

Accidentes al mes por cien mil trabajadores. Fuente:Estadística de accidentes de trabajo. Avance enero 2023. Subdirección General de Estadística y análisis sociolaboral.

4. Procedimientos de actuación y primeros auxilios en casos de accidente

Los primeros auxilios se definen como la asistencia que se presta a las víctimas de un accidente antes de la asistencia por parte de personal médico especializado.

El objetivo es detener y, si es posible, revertir el daño ocasionado. En cada puesto o lugar de trabajo, existirán unos riesgos específicos propios del puesto. Todo trabajador debe de conocer estos riesgos y estar preparado para hacer frente a situaciones de emergencia, ya que estos conocimientos pueden ayudar a minimizar las lesiones en caso de accidente.

Importante

Lo más importante a la hora de prestar los primeros auxilios es saber qué se puede o se sabe hacer y que con esta actuación no se agravarán las lesiones ya existentes.

En base a la legislación, se establece que el empresario será el encargado de garantizar que los primeros auxilios puedan prestarse en todo momento por personal con la suficiente formación para ello. Asimismo, deberán adoptarse medidas para garantizar la evacuación, a fin de recibir cuidados médicos, de los trabajadores accidentados o afectados por una indisposición repentina.

En el caso de que la obra de construcción cuente con más de 50 trabajadores, será necesario que se establezca uno o varios locales de atención de primeros auxilios (en función de las dimensiones de la obra), también es posible que, aunque la obra sea de dimensiones menores, la autoridad competente establezca que ha de disponer de estos locales.

Se puede encontrar una herramienta beneficiosa para todas las personas que se encarguen de organizar los primeros auxilios en la empresa, en la guía de buenas prácticas NTP 458.

Los locales de primeros auxilios deberán disponer de: botiquín, camilla, agua potable, material para riesgos específicos y de la adecuada señalización.

Recuerde

Esta señalización se encuentra recogida en el Real Decreto 485/1997, de 14 de abril, sobre disposiciones mínimas en materia de señalización de seguridad y salud en el trabajo.

Además de en estos locales, en todos los lugares de trabajo que lo requieran se deberá disponer del material de primeros auxilios, debidamente señalizado, de fácil acceso y donde se contenga la dirección y el teléfono de los servicios de emergencia.

En la Guía técnica para la evaluación y prevención de los riesgos relativos a las obras de construcción que establece el Instituto Nacional de Seguridad y Salud en el Trabajo, en base al Real Decreto 1627/1997, de 24 de octubre, por el que se establecen las disposiciones mínimas de seguridad y salud en las obras de construcción, se dispone el material que deben contener como mínimo los botiquines de primeros auxilios, siendo este el siguiente:

- Algodón hidrófilo.
- Esparadrapo de diferentes tamaños.
- Apósitos adhesivos.
- Vendas de diferentes tamaños.
- Tiras de sutura por aproximación.
- Gasas estériles.
- Agua oxigenada.
- Alcohol.
- Desinfectante.
- Pomada antihistamínica para picaduras.
- Pomada antiinflamatoria.
- Paracetamol.
- Ácido acetilsalicílico.
- Guantes desechables.
- Tijeras.
- Pinzas.

- Banda elástica para torniquetes.
- Manta.

Nota

Este material deberá ser revisado periódicamente y se repondrá en cuanto caduque o sea usado.

4.1. Procedimientos de primeros auxilios

De modo general, el procedimiento que establece el Instituto Nacional de la Seguridad y Salud en el Trabajo (INSST) a seguir en caso de accidente está basado en lo que en primeros auxilios se conoce con las siglas PAS:

- **P de proteger:** en primer lugar, se deberá tener la seguridad de que tanto el accidentado como el que le socorre se encuentran fuera de todo peligro (por ejemplo ante el caso de incendio, ambiente tóxico, etcétera).
- **A de avisar:** a la mayor brevedad, se notificará el accidente a los servicios sanitarios. De este modo, se activará el sistema de emergencia e, inmediatamente después, se procederá a atender a la víctima en espera de la llegada de los servicios sanitarios.
- **S de socorrer:** cuando ya se ha protegido al accidentado y se ha dado el aviso, se procederá a atender a la víctima, para lo que se efectuará el reconocimiento de sus signos vitales, en primer lugar y en el siguiente orden:

    1. Estado de conciencia.
    2. Respiración.
    3. Pulso.

A continuación, se verán los procedimientos de actuación de forma general para los diferentes riesgos más comunes en el sector de la construcción.

Asfixia

La asfixia se produce por que el aire no puede llegar a los pulmones, por lo que el oxígeno no puede circular por el cuerpo a través de la sangre.

Nota

Las formas de asfixia más comunes son debidas a ahogamiento, envenenamiento con gases, electrocución, estrangulación y obstrucción de vías respiratorias por cuerpos extraños.

El procedimiento a seguir en estos casos consiste en la respiración boca a boca. Para realizar esta maniobra, se seguirán los siguientes pasos:

1. Retirar, en su caso, el cuerpo que obstruya las vías respiratorias, para lo que puede ser necesario realizar la maniobra de Heimlich.
2. La víctima se situará en posición decúbito supino (boca arriba).

Posición decúbito supino

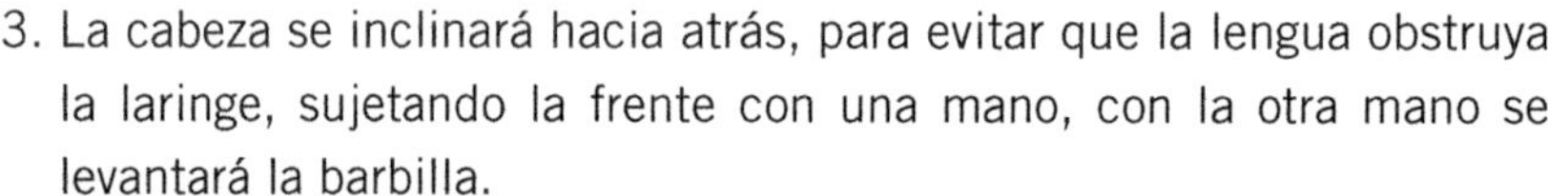

3. La cabeza se inclinará hacia atrás, para evitar que la lengua obstruya la laringe, sujetando la frente con una mano, con la otra mano se levantará la barbilla.
4. Se taponarán los orificios nasales pinzándolos con los dedos.
5. El reanimador inspirará profundamente y aplicará su boca a la de la víctima, soplando con fuerza hasta ver llenarse el tórax.
6. Esta maniobra deberá repetirse 12 veces por minuto (en adultos).

Maniobra boca a boca

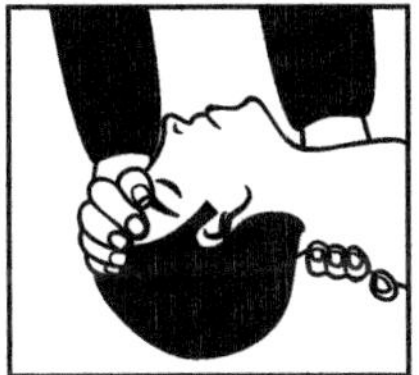
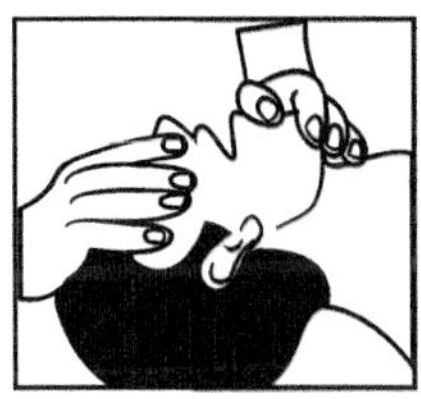

Definición

Maniobra de Heimlich

Consiste en la aplicación súbita de presión sobre el abdomen de la víctima, con lo que el aire saldrá expulsado a gran velocidad de los pulmones, despejando las vías respiratorias.

La maniobra se realiza situándose tras el accidentado, rodeando su cintura con los brazos y entrelazando las manos, situando estas entre el ombligo y la caja torácica, y presionando fuerte y de forma brusca hacia atrás y hacia arriba.

Reanimación cardiopulmonar

Consiste en la reanimación del accidentado que se encuentra en parada cardiaca. Está muy relacionado con la reanimación respiratoria, por lo que consistirá en un masaje cardiaco externo que se combinará con la técnica de reanimación respiratoria que se ha visto con anterioridad.

Nota

Para el desarrollo de esta técnica se podrá contar con dos personas (una realiza la reanimación cardiaca y otra la pulmonar) o la podrá realizar una sola persona, alternando ambas reanimaciones.

El masaje cardiaco se realizará mediante los siguientes pasos:

1. Se colocará al enfermo sobre una superficie dura, en posición decúbito supino.
2. Se localizará el punto de compresión (tercio inferior del esternón).
3. Arrodillado a un lado de la víctima, se colocará sobre el punto de compresión el talón de una mano, con la otra sobre ella, manteniendo los brazos extendidos.
4. Se comenzará a realizar presión sobre el esternón de forma progresiva, sin golpear, manteniendo esta presión aproximadamente medio segundo, soltar rápidamente y esperar otro medio segundo antes de la siguiente compresión.
5. Se recomienda la aplicación de dos respiraciones boca a boca cada 15 compresiones cardiacas.

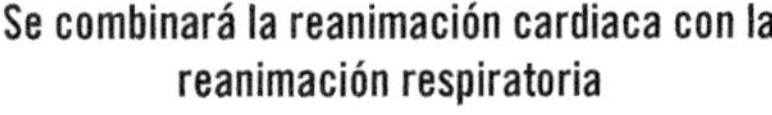

Se combinará la reanimación cardiaca con la reanimación respiratoria

Hemorragias

Una hemorragia consiste en la salida de sangre por un vaso sanguíneo por la rotura del mismo. Puede ser hemorragia externa, cuando se produce la rotura de la piel (a través de una herida), o internas, cuando no se produce la rotura de la piel. Para que se produzca una hemorragia, se ha de romper un vaso sanguíneo, que pueden ser arterias o venas. Dependiendo de su localización y tipo, las roturas van a desencadenar una hemorragia que puede llegar a ser mortal.

Importante

Las dos complicaciones más importantes a tener en cuenta a la hora de actuar sobre una herida son la infección y la hemorragia.

Una complicación grave en el caso de hemorragia puede ser un *shock* hipovolémico, que deberá ser prevenido y tratado lo antes posible.

El procedimiento a seguir en una hemorragia externa será la aplicación de presión usando compresas estériles o, en su defecto ropas limpias, sobre la herida y aplicar encima un vendaje compresivo. Cuando se empapen estos apósitos, no deberán retirarse, sino aplicar sobre ellos más compresas y más vendaje. La última opción será la colocación de un torniquete.

Definición

Torniquete
Maniobra de urgencia que consiste en la compresión de todos los vasos sanguíneos próximos a la herida. Ha de aplicarse entre la herida y el corazón.

La actuación en caso de sospecha de una hemorragia interna se centrará en la prevención del *shock* hipovolémico, que se produce porque los órganos y tejidos del organismo no reciben un aporte suficiente de oxígeno y nutrientes, lo que conlleva una muerte progresiva de las células y un fallo en la función de los diferentes órganos que puede abocar a la muerte, debido a la pérdida de sangre. Para tratar de detener el *shock* hipovolémico, se colocará al accidentado en posición *antishock,* tendido boca arriba con las piernas elevadas unos 30°, manteniéndolo caliente, para lo que se le cubrirá con mantas.

Posición antishock

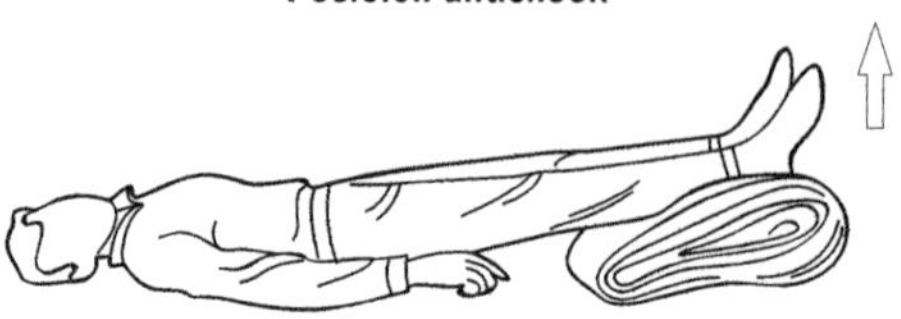

Traumatismos

Dentro de los traumatismos, se considerarán las fracturas, las luxaciones y los esguinces.

Fracturas

Se considera fractura la pérdida de continuidad de un hueso, pudiendo ser abierta o cerrada.

Nota

Las fracturas van acompañadas de dolor, inflamación, impotencia funcional, deformidad y hemorragias (en el caso de que sean abiertas).

El tratamiento básico será la inmovilización de la parte del cuerpo afectada y el traslado al centro sanitario, excepto en el caso en que se sospeche que la víctima pueda tener lesiones cervicales, caso en que el accidentado no se moverá.

Esguinces

Se trata de una lesión en la cual un ligamento se encuentra parcialmente roto como consecuencia de un movimiento articular forzado más allá de su límite de movilidad normal. Los síntomas más frecuentes son dolor, inflamación y, en ocasiones, hematomas. El tratamiento es el mismo que para el caso de las fracturas: la inmovilización de la zona afectada.

Sabía que...

Los esguinces más frecuentes son los de tobillo y rodilla.

Luxaciones

Es la pérdida de relación articular entre dos extremos óseos sin que exista fractura del hueso. Puede ir acompañada de rotura de ligamentos. Los síntomas son dolor, pérdida de la movilidad y deformidad. Las más frecuentes son de hombros, codos, dedos y caderas. El tratamiento básico es también la inmovilización de la zona afectada.

Quemaduras y choque eléctrico

Las quemaduras son lesiones producidas por la exposición de cualquier parte del cuerpo al fuego, metales calientes, radiaciones, sustancias químicas cáusticas, electricidad o, en general, a cualquier fuente de calor (por ejemplo el sol).

Las quemaduras se clasifican en base a la profundidad del tejido dañado y según la extensión del área afectada, pudiendo ser:

- **De primer grado:** solo afectan a la capa superficial de la piel (epidermis) y se produce el enrojecimiento. Para su tratamiento, se sumergirá la zona afectada en agua fría o se aplicarán compresas frías.
- **De segundo grado:** afectan a la epidermis y a la dermis y presentan la formación de ampollas. Se aplicará agua y compresas frías y se podrá elevar la zona quemada para disminuir el edema.
- **De tercer grado:** afectan a los tejidos más profundos de la piel, produciendo una necrosis. La lesión típica es la escara, que cosiste en la piel

carbonizada. Además de la actuación para las quemaduras de primer y segundo grado, se cubrirá la zona con apósitos estériles secos.

La gravedad de una quemadura también depende de su extensión, midiéndose en porcentajes de la superficie corporal.

Nota

Las quemaduras graves producen *shock* y gran pérdida de líquidos.

En el caso de choque eléctrico, el grado de lesión de las quemaduras eléctricas estará en relación con la resistencia de los tejidos al paso de la corriente eléctrica, su intensidad y duración.

La electricidad puede causar quemaduras por contacto y quemaduras por *flash* (arco de corriente). Además, podrá causar otras lesiones, como asfixia, parada cardiaca, pérdida de conciencia, fracturas y luxaciones.

Aplicación práctica

José se encuentra trabajando en una obra con más de 50 trabajadores. En concreto, José se está encargando del corte de materiales con una cortadora manual. En un descuido, José, que en ese momento no llevaba colocados los guantes de seguridad, se ha producido un corte profundo en la mano derecha, causando una hemorragia sangrante. ¿Qué procedimiento seguiría para atenderle?

Continúa en página siguiente >>

<< Viene de página anterior

SOLUCIÓN

En primer lugar, se le trasladará a uno de los locales de primeros auxilios con los que la obra debe contar. En ese lugar, se atenderá a José, en primer lugar, lavando la herida con agua limpia para evitar infecciones y, posteriormente, taponándola con gasas estériles. Se dará aviso de la situación de emergencia y se trasladará a José a un centro sanitario para que sea atendido, en posición *antishock*.

---

5. Equipos de protección individual y colectiva. Tipos, normativa y criterios de utilización

En base al Real Decreto 773/1997, de 30 de mayo, sobre disposiciones mínimas de seguridad y salud relativas a la utilización por los trabajadores de equipos de protección individual, se definirá EPI como:

Cualquier equipo destinado ha ser llevado o sujetado por el trabajador para que le proteja de uno o varios riesgos que puedan amenazar su seguridad o su salud, así como cualquier complemento o accesorio destinado a tal fin.

Como medida preventiva previa al uso de equipos de protección individual, se pondrán en marcha los equipos de protección colectiva, que tienen por objetivo la protección simultánea de varios trabajadores expuestos a un determinado riesgo.

A lo largo de los capítulos anteriores, se han visto los diferentes medios de protección individual y colectiva usados en las labores auxiliares de obra.

Los equipos de protección individual se pueden resumir de forma general en la siguiente tabla.

Equipo de protección	Criterios de uso	Imagen
Casco de seguridad	Su función es proteger el cráneo del trabajador frente a caídas de objetos, golpes en la cabeza, proyección violenta de objetos y contactos eléctricos.	
Calzado de seguridad	Consistirá en botas o zapatos con plantillas y punteras reforzadas que protegerán frente a la caída de objetos, cortes o pinchazos y, para determinados trabajos, deberán proteger frente a la humedad.	
Guantes de seguridad	Guantes reforzados, especiales anticorrosión o aislantes, se usarán para la protección de las manos frente a cortes, golpes, contactos eléctricos, etcétera.	
Gafas o pantallas de seguridad	Se usarán para la protección de los ojos y el rostro frente a proyecciones o salpicaduras.	
Mascarillas	Se usarán en la protección de las vías respiratorias frente a polvo, humos o gases contaminantes.	
Protectores auditivos	Se usarán para proteger los oídos frente a elevados niveles de ruido.	
Protecciones anticaídas	Consistirán en arneses y dispositivos de amarre que evitarán la caída a altura de los trabajadores.	

Continúa en página siguiente >>

<< Viene de página anterior

Equipo de protección	Criterios de uso	Imagen
Ropa de seguridad	Consistirá fundamentalmente en ropa que contenga elementos reflectantes que hará visible a los trabajadores en condiciones de visibilidad escasa o nula, además de facilitar su localización en caso de accidente.	
Cinturones antivibración	Se usarán para la protección de la zona lumbar de los trabajadores frente a las vibraciones que producen determinados equipos.	

Los equipos de protección colectiva consisten fundamentalmente en los recogidos en la siguiente tabla.

Equipo de protección	Criterios de uso	Imagen
Resguardos de máquinas	Consisten en cubiertas o carcasas que se instalan en los equipos y máquinas con el objetivo de interponer una barrera material entre el trabajador y las zonas peligrosas de las máquinas, o bien previenen de las posibles proyecciones de materiales.	
Barandillas	Medida de seguridad que se basa en la protección de los bordes y huecos para evitar caídas desde diferente altura. Se pretende, por un lado, la señalización de la apertura o desnivel y, por otro, la interposición de un medio material entre el trabajador y el borde o hueco donde se podrá producir la caída.	
Marquesinas de seguridad	Medio de protección frente a la caída de materiales u objetos desde altura, consisten en un soporte que se fija a la estructura del edificio y soporta la caída o desprendimiento de los objetos.	

Continúa en página siguiente >>

<< Viene de página anterior

<table>
<tr><td>Redes de seguridad</td><td>Medida de prevención frente a la caída de personas u objetos desde altura. Se usan en la protección de superficies verticales, espacios entre pilares y fachadas.</td><td></td></tr>
<tr><td>Mallazos de seguridad</td><td>Medios de protección que protegen los huecos interiores frente a caídas de personas o materiales.</td><td></td></tr>
<tr><th>Equipo de protección</th><th>Criterios de uso</th><th>Imagen</th></tr>
<tr><td>Líneas de vida</td><td>Medio de prevención frente a caídas de trabajadores, son un sistema compuesto por un cable o raíl y una pieza corredera llamada carro, que no se sale del sistema. La persona va sujeta a esta pieza mediante un elemento de amarre, que puede ser un arnés. Las líneas de vida podrán ser horizontales o verticales.</td><td></td></tr>
</table>

Nota

Otro medio de protección colectiva es el constituido por un buen sistema de ventilación general, en aquellos lugares donde el aire no circule con facilidad o se puedan producir gases contaminantes que hayan de ser eliminados.

Aplicación práctica

Se encuentra trabajando en la rotura de un pavimento con un martillo hidráulico, ¿qué medidas de protección individual deberá llevar colocadas?

SOLUCIÓN

Deberá llevar casco de seguridad, gafas antiproyecciones, protectores auditivos, mascarilla, guantes, ropa de seguridad, botas de seguridad y cinturón antivibraciones.

---

6. Medidas de seguridad y prevención de riesgos en la utilización de equipos y herramientas

Las medidas de seguridad y prevención de riesgos en la utilización de equipos y herramientas se pueden desglosar en los siguientes apartados.

6.1. Manipulación de materiales

En la manipulación de materiales, se pueden diferenciar, por un lado, las indicaciones para la manipulación manual de materiales y, por otro, la manipulación de materiales mediante máquinas y equipos.

Manipulación manual

En cuanto a la manipulación manual de materiales, se seguirán las indicaciones del Real Decreto 487/1997, de 14 de abril, por el que se establecen las disposiciones mínimas de seguridad y salud relativas a la manipulación manual de cargas que entrañe riesgos, en particular dorsolumbares, para los trabajadores.

En este Real Decreto, se entenderá manipulación manual de cargas como:

Cualquier operación de transporte o sujeción de una carga por parte de uno o varios trabajadores, como el levantamiento, la colocación, el empuje, la tracción o el desplazamiento, que por sus características o condiciones ergonómicas inadecuadas entrañe riesgos, en particular dorsolumbares, para los trabajadores.

Será obligación del empresario evitar, en la medida de lo posible, la manipulación manual de las cargas, recomendándose para ello la manipulación mediante máquinas o equipos.

Nota

Se establece también en este real decreto que los trabajadores deben estar debidamente informados y formados con respecto a la manipulación manual de las cargas, siendo esta formación responsabilidad del empresario.

Se consideran factores de riesgo en la manipulación de las cargas los siguientes:

- Características de la carga: por ser demasiado grande, pesada, voluminosa o porque su contenido sea inestable.
- El esfuerzo físico necesario para su manipulación: cuando el esfuerzo a realizar sea demasiado grande, cuando se realice en una posición del cuerpo inestable o requiera de la torsión o flexión del tronco.
- Las características del medio de trabajo: cuando el espacio sea insuficiente, el pavimento irregular o inestable, cuando la situación del medio de trabajo no permita manipular la carga a una altura segura o en posición correcta. Cuando existan condiciones de humedad, iluminación, circulación de aire, etcétera, inapropiadas.

- Exigencias de la actividad: trabajos demasiado frecuentes y prolongados, que no se permita el reposo suficiente al trabajador.
- Factores individuales de riesgo: como por ejemplo la aptitud física de los trabajadores, escasez de formación, equipos de protección individual inapropiados.

Manipulación de materiales mediante máquinas y equipos

Se regula en el Real Decreto 1215/1997, de 18 de julio, por el que se establecen las disposiciones mínimas de seguridad y salud para la utilización por los trabajadores de los equipos de trabajo.

En este Real Decreto, se define utilización de equipo de trabajo como:

Cualquier actividad referida a un equipo de trabajo, tal como la puesta en marcha o la detención, el empleo, el transporte, la reparación, la transformación, el mantenimiento y la conservación, incluida, en particular, la limpieza.

Importante

El empresario estará obligado a tomar las medidas necesarias para que los equipos de trabajo que se pongan a disposición de los trabajadores sean adecuados al trabajo que deba realizarse y convenientemente adaptados al mismo, de forma que garanticen la seguridad y la salud de los trabajadores al utilizar dichos equipos de trabajo.

De forma general, se establecen en el citado Real Decreto una serie de medidas generales para la utilización de los equipos de trabajo:

1. Los equipos de trabajo se instalarán, dispondrán y utilizarán de modo que se reduzcan los riesgos para los usuarios del equipo y para los demás trabajadores.

2. En el montaje de los equipos de trabajo, se tendrá en cuenta la necesidad de suficiente espacio libre entre los elementos móviles de los equipos de trabajo y los elementos fijos o móviles de su entorno y de que puedan suministrarse o retirarse de manera segura las energías y sustancias utilizadas o producidas por el equipo.
3. Los trabajadores deberán poder acceder y permanecer en condiciones de seguridad en todos los lugares necesarios para utilizar, ajustar o mantener los equipos de trabajo.
4. Los equipos de trabajo no deberán utilizarse de forma o en operaciones o en condiciones contraindicadas por el fabricante. Tampoco podrán utilizarse sin los elementos de protección previstos para la realización de la operación de que se trate.
5. Los equipos de trabajo solo podrán utilizarse de forma o en operaciones o en condiciones no consideradas por el fabricante si previamente se ha realizado una evaluación de los riesgos que ello conllevaría y se han tomado las medidas pertinentes para su eliminación o control.
6. Antes de utilizar un equipo de trabajo, se comprobará que sus protecciones y condiciones de uso son las adecuadas y que su conexión o puesta en marcha no representa un peligro para terceros.
7. Los equipos de trabajo dejarán de utilizarse si se producen deterioros, averías u otras circunstancias que comprometan la seguridad de su funcionamiento.
8. Cuando se empleen equipos de trabajo con elementos peligrosos accesibles que no puedan ser totalmente protegidos, deberán adoptarse las precauciones y utilizarse las protecciones individuales apropiadas para reducir los riesgos al mínimo posible.
9. En particular, deberán tomarse las medidas necesarias para evitar, en su caso, el atrapamiento de cabello, ropas de trabajo u otros objetos que pudiera llevar el trabajador.
10. Cuando durante la utilización de un equipo de trabajo sea necesario limpiar o retirar residuos cercanos a un elemento peligroso, la operación deberá realizarse con los medios auxiliares adecuados y que garanticen una distancia de seguridad suficiente.
11. Los equipos de trabajo deberán ser instalados y utilizados de forma que no puedan caer, volcar o desplazarse de forma incontrolada, poniendo en peligro la seguridad de los trabajadores.

12. Los equipos de trabajo no deberán someterse a sobrecargas, sobrepresiones, velocidades o tensiones excesivas que puedan poner en peligro la seguridad del trabajador que los utiliza o la de terceros.
13. Cuando la utilización de un equipo de trabajo pueda dar lugar a proyecciones o radiaciones peligrosas, sea durante su funcionamiento normal o en caso de anomalía previsible, deberán adoptarse las medidas de prevención o protección adecuadas para garantizar la seguridad de los trabajadores que los utilicen o se encuentren en sus proximidades.
14. Los equipos de trabajo llevados o guiados manualmente, cuyo movimiento pueda suponer un peligro para los trabajadores situados en sus proximidades, se utilizarán con las debidas precauciones, respetándose, en todo caso, una distancia de seguridad suficiente. A tal fin, los trabajadores que los manejen deberán disponer de las condiciones adecuadas de control y visibilidad.
15. En ambientes especiales, tales como locales mojados o de alta conductividad, locales con alto riesgo de incendio, atmósferas explosivas o ambientes corrosivos, no se emplearán equipos de trabajo que en dicho entorno supongan un peligro para la seguridad de los trabajadores.
16. Los equipos de trabajo que puedan ser alcanzados por los rayos durante su utilización deberán estar protegidos contra sus efectos por dispositivos o medidas adecuadas.
17. El montaje y desmontaje de los equipos de trabajo deberá realizarse de manera segura, especialmente mediante el cumplimiento de las instrucciones del fabricante cuando las haya. En caso contrario, dichos equipos deberán permanecer con sus dispositivos de protección.
18. Las operaciones de mantenimiento, ajuste, desbloqueo, revisión o reparación de los equipos de trabajo que puedan suponer un peligro para la seguridad de los trabajadores se realizarán tras haber parado o desconectado el equipo, haber comprobado la inexistencia de energías residuales peligrosas y haber tomado las medidas necesarias para evitar su puesta en marcha o conexión accidental mientras esté efectuándose la operación.
19. Cuando la parada o desconexión no sea posible, se adoptarán las medidas necesarias para que estas operaciones se realicen de forma segura o fuera de las zonas peligrosas.

20. Cuando un equipo de trabajo deba disponer de un diario de mantenimiento, este permanecerá actualizado.
21. Los equipos de trabajo que se retiren de servicio deberán permanecer con sus dispositivos de protección o deberán tomarse las medidas necesarias para imposibilitar su uso.
22. Las herramientas manuales deberán ser de características y tamaño adecuados a la operación a realizar. Su colocación y transporte no deberá implicar riesgos para la seguridad de los trabajadores.

Además de estas consideraciones generales, se deberán tener en cuenta las consideraciones específicas para el uso de equipos de trabajo, tal y como se ha desarrollado en los anteriores capítulos. Entre ellos, se deberán tener en cuenta especialmente las consideraciones normativas para los trabajos de altura (Real Decreto 2177/2004, de 12 de noviembre, por el que se modifica el Real Decreto 1215/1997, de 18 de julio, por el que se establecen las disposiciones mínimas de seguridad y salud para la utilización por los trabajadores de los equipos de trabajo, en materia de trabajos temporales en altura), además de consideraciones tales como las indicadas en el caso de grúas móviles (Real Decreto 837/2003, de 27 de junio, por el que se aprueba el nuevo texto modificado y refundido de la Instrucción técnica complementaria MIE-AEM-4 del Reglamento de aparatos de elevación y manutención, referente a grúas móviles autopropulsadas).

6.2. Señalización y vallado de obras

La señalización y el vallado en obras se encuentra regida por el Real Decreto 485/1997, de 14 de abril, sobre disposiciones mínimas en materia de señalización de seguridad y salud en el trabajo.

Nota

Según este real decreto, la obligación de que en el lugar de trabajo exista una señalización de seguridad y salud adecuada, corresponde al empresario.

En este Real Decreto, se define señalización de seguridad y salud en el lugar de trabajo como:

> *Una señalización que, referida a un objeto, actividad o situación determinadas, proporcione una indicación o una obligación relativa a la seguridad o la salud en el trabajo mediante una señal en forma de panel, un color, una señal luminosa o acústica, una comunicación verbal o una señal gestual, según proceda.*

Nota

La señalización no deberá considerarse una medida sustitutoria de las medidas técnicas y organizativas de protección colectiva y deberá utilizarse cuando mediante estos últimos no haya sido posible eliminar los riesgos o reducirlos suficientemente.

Se establecen los siguientes tipos de señales:

- **Señal de prohibición:** prohíbe comportamientos que puedan ocasionar un peligro.
- **Señal de advertencia:** advierte de situaciones de riesgo o peligro.
- **Señal de obligación:** obliga a la realización de un determinado comportamiento.
- **Señal de salvamento o de socorro:** proporciona indicaciones sobre la situación de salidas de socorro, primeros auxilios o dispositivos de salvamento.
- **Señal indicativa:** proporciona información diferente a las recogidas anteriormente.
- **Señal en forma de panel:** señal que, por la combinación de una forma geométrica, de colores y de un símbolo o pictograma, proporciona una determinada información, cuya visibilidad está asegurada por una iluminación de suficiente intensidad.
- **Señal adicional:** utilizada junto a otra señal en forma de panel, que facilita información complementaria.

- **Color de seguridad:** color al que se atribuye una significación determinada en relación con la seguridad y salud en el trabajo.
- **Símbolo o pictograma:** imagen que describe una situación u obliga a un comportamiento determinado, utilizada sobre una señal en forma de panel o sobre una superficie luminosa.
- **Señal luminosa:** señal emitida por medio de un dispositivo formado por materiales transparentes o translúcidos, iluminados desde atrás o desde el interior, de tal manera que aparezca por sí misma como una superficie luminosa.
- **Señal acústica:** señal sonora codificada, emitida y difundida por medio de un dispositivo apropiado, sin intervención de voz humana o sintética.
- **Comunicación verbal:** mensaje verbal predeterminado, en el que se utiliza voz humana o artificial.
- **Señal gestual:** movimiento o disposición de los brazos o de las manos en forma codificada para guiar a las personas que estén realizando maniobras que constituyan un riesgo o peligro para los trabajadores.

Los requisitos en cuanto al uso de las señales son los siguientes:

1. Las señales se instalarán a una altura y posición apropiadas en relación al ángulo visual, teniendo en cuenta posibles obstáculos, en la proximidad del riesgo u objeto que deba señalizarse o, cuando se trate de un riesgo general, en el acceso a la zona de riesgo.
2. El lugar de emplazamiento de la señal deberá estar bien iluminado, ser accesible y fácilmente visible.
3. No se usarán demasiadas señales próximas entre sí, con el objetivo de no reducir su eficacia.
4. Las señales deberán retirarse cuando deje de existir la situación que las justificaba.

Nota

Si la iluminación general es insuficiente, se empleará una iluminación adicional o se utilizarán colores fosforescentes o materiales fluorescentes.

Con respecto a los vallados perimetrales, servirán para la protección de todo el recinto de la obra y con ellos se limitará el acceso solo al personal autorizado. Las vallas deberán situarse en el límite de la parcela de la obra, tendrán 2 m de altura y estarán hasta la conclusión de la obra o su sustitución por un vallado definitivo.

Importante

Las vallas serán revisadas durante la jornada laboral y al término de la misma, detectando y cerrando los posibles huecos que hayan podido producirse.

Vallado perimetral de obra

6.3. Instalaciones y equipos eléctricos

La instalación de los equipos eléctricos en obras de construcción está regida por el Reglamento electrotécnico de baja tensión (REBT), aprobado por el Real Decreto 842/2002, de 2 de agosto, en concreto, por la guía técnica ITC-BT-33 para las instalaciones provisionales y temporales en obras.

En base a esta normativa, se establecen las siguientes consideraciones con respecto a los equipos eléctricos:

- Alimentación: la instalación deberá estar identificada según su fuente de alimentación e incluir elementos alimentados por ella, a excepción de los circuitos de señalización y control. Una obra podrá ser alimentada por una o varias fuentes, para lo que se podrán usar equipos fijos y móviles. Las diferentes fuentes de alimentación deberán estar conectadas de manera que los dispositivos impidan la interconexión entre las mismas.
- Alumbrado de seguridad: el alumbrado de seguridad deberá permitir, ante un fallo del alumbrado normal, la evacuación del personal y la puesta en marcha de las medidas de seguridad.
- Otros circuitos de seguridad, como los que alimentan elevadores y montacargas: en estos sistemas deberá preverse que la protección quede asegurada contra contactos indirectos sin que se produzca el corte automático de la alimentación.

Nota

Deberán preverse medidas de seguridad cuando un posible fallo en la alimentación pueda producir daños en personas.

La protección frente a choques eléctricos se realizará tomando en consideración las especificaciones indicadas en ITC-BT-24, para lo que se tendrá en cuenta:

1. Medidas de protección contra contactos directos:

   - Protección por aislamiento de partes activas.
   - Protección por medio de barreras o envolventes.

2. Medidas de protección contra contactos indirectos:

   - Cuando la protección de las personas contra los contactos indirectos está asegurada por corte automático de la alimentación, la tensión límite convencional no debe ser superior a 24 V de valor eficaz en corriente alterna o 60 V en corriente continua.
   - Cada base o grupo de bases de toma de corriente deben estar protegidas por dispositivos diferenciales de corriente diferencial residual asignada igual como máximo a 30 mA, o bien alimentadas a muy baja tensión de seguridad MBTS, o bien protegidas por separación eléctrica de los circuitos mediante un transformador individual.

6.4. Andamios, plataformas y escaleras

El uso en obras de construcción de andamios, plataformas y escaleras se encuentra regido por el Real Decreto 1215/1997, de 18 de julio, por el que se establecen las disposiciones mínimas de seguridad y salud para la utilización por los trabajadores de los equipos de trabajo, en materia de trabajos temporales en altura.

En este real decreto se establecen como disposiciones generales las siguientes:

1. Se deberán efectuar los trabajos temporales en altura con las medidas de seguridad apropiadas, dando prioridad a las medidas de protección colectiva sobre las medidas de protección individual.
2. Las dimensiones de los equipos de trabajo deberán ser adecuados a la naturaleza del trabajo y deberán permitir la circulación sin peligro.
3. La elección del medio de acceso más adecuado al puesto de trabajo en altura temporal deberá realizarse en función de la circulación, altura y

duración de uso. En todo caso, se deberán tener en cuenta las medidas de evacuación en caso de peligro.

4. El uso de escaleras de mano estará limitado a que la instalación de otros equipos de trabajo más seguros no esté justificada.
5. La colocación de técnicas de acceso y posicionamiento mediante cuerdas se limitará a aquellas circunstancias en que su uso se pueda realizar en condiciones de seguridad.
6. En caso necesario, se deberá prever la instalación de dispositivos de protección frente a caídas.
7. Cuando el acceso al equipo de trabajo o la ejecución de una tarea particular exija la retirada temporal de un dispositivo de protección colectiva contra caídas, deberán preverse medidas compensatorias y eficaces de seguridad, que se especificarán en la planificación de la actividad preventiva.
8. Se deberán tener en cuenta en todo momento las condiciones climatológicas.

Importante

Solo podrán efectuarse trabajos temporales en altura cuando las condiciones meteorológicas sean favorables.

Escaleras de mano

En el presente real decreto, se recogen una serie de medidas específicas en relación a las escaleras de mano:

1. La estabilidad de las escaleras de mano deberá estar siempre asegurada, los travesaños deberán estar situados en posición horizontal y la base de fijación ser sólida y tener unas dimensiones adecuadas.
2. Las escaleras suspendidas se fijarán de forma segura y las escaleras de cuerda deberán estar sujetas frente a balanceos.

3. Las escaleras de mano con fines de acceso deberán sobresalir un metro del plano de trabajo al que se acceda.
4. Las escaleras con ruedas deberán haberse inmovilizado antes de acceder a ellas.
5. Las escaleras de mano se colocarán formando un ángulo de 75º con la horizontal.
6. El ascenso y descenso se efectuarán de frente a estas y los trabajadores deberán contar con puntos de apoyo y sujeción seguros.
7. Los trabajos que se realicen por encima de los 3,5 m de altura deberán realizarse con medidas de protección individual anticaídas.
8. Quedará prohibido el transporte de cargas que puedan comprometer la estabilidad y seguridad de los trabajadores.
9. Las escaleras de mano no se usarán por dos o más personas simultáneamente.
10. No se emplearán escaleras de mano y, en particular, escaleras de más de 5 m de longitud, sobre cuya resistencia no se tengan garantías.
11. Las escaleras deberán ser revisadas periódicamente, se prohíbe el uso de escaleras de madera pintadas que puedan impedir la visualización de defectos.

Importante

Queda prohibido el uso de escaleras de mano de construcción improvisada.

Andamios y plataformas

En el presente real decreto, se establecen las siguientes medidas en relación a los andamios:

1. Los andamios deberán proyectarse, montarse y mantenerse de manera adecuada, evitando que se desplomen, se muevan o se desplacen.

2. Las plataformas de trabajo, las pasarelas y las escaleras de los andamios deberán construirse, dimensionarse, protegerse y utilizarse de forma que se evite que las personas caigan o estén expuestas a caídas de objetos.
3. Las dimensiones de los andamios deberán estar adaptadas al número de trabajadores que vayan a usarlos.
4. Deberá efectuarse el cálculo de la resistencia y estabilidad de los mismos.
5. En el caso de plataformas suspendidas de nivel variable, andamios constituidos con elementos prefabricados sobre suelo natural, andamios instalados en exteriores, torres de acceso y trabajo móviles de más de 6 m de altura, deberá efectuarse un plan de montaje, utilización y desmontaje, que será realizado por una persona con titulación universitaria que lo habilite para ello, a excepción de que los citados andamios dispongan de marcado CE, caso en el que se podrá sustituir por las instrucciones especificadas por el fabricante.
6. Los elementos de apoyo deberán estar protegidos frente a riesgo de deslizamiento, para garantizar su estabilidad, así como los andamios móviles deberán estar adecuadamente protegidos durante los trabajos.
7. Las dimensiones, forma y disposición de los andamios deberán ser adecuadas a los trabajos.
8. Cuando alguna parte del andamio no esté lista para su uso, se deberá señalizar con las correspondientes señales de peligro y delimitar convenientemente impidiendo el acceso a la zona en peligro.
9. Los andamios solo podrán ser montados, desmontados o modificados sustancialmente bajo la dirección de una persona con una formación universitaria o profesional que lo habilite para ello y por trabajadores que hayan recibido una formación adecuada y específica para las operaciones previstas.
10. Los andamios deberán ser inspeccionados por una persona con una formación universitaria o profesional que lo habilite para ello.

Recuerde

Las dimensiones de los andamios deberán estar adaptadas al número de trabajadores que vayan a usarlos.

6.5. Maquinillos, montacargas, grúas y cintas transportadoras

Las disposiciones de seguridad para el uso de estos equipos se encuentran recogidas en el Real Decreto 837/2003, de 27 de junio, por el que se aprueba el nuevo texto modificado y refundido de la Instrucción técnica complementaria MIE-AEM-4 del Reglamento de aparatos de elevación y manutención, referente a grúas móviles autopropulsadas.

Los equipos deberán contar para su uso con el marcado CE o declaración CE de conformidad.

Nota

El mantenimiento y revisiones de las grúas serán responsabilidad del propietario.

Para el correcto montaje y manejo de las grúas móviles autopropulsadas, la persona que trabaja con ellas deberá contar con carné oficial de operador de grúa móvil autopropulsada. El manejo de las grúas móviles será supervisado por el director de obra. Corresponderán al operador de la empresa alquiladora o titular de la grúa las operaciones de montaje y de manejo de esta.

Nota

Los componentes y condiciones de resistencia de las grúas móviles se realizarán en base a la norma UNE 58531:1989

Las grúas móviles deberán cumplir con las siguientes prescripciones en materia de seguridad:

1. **Equipo hidráulico:**

   - Los cilindros hidráulicos de extensión e inclinación de pluma y los verticales de los gatos estabilizadores deberán ir provistos de válvulas de retención que eviten su recogida accidental en caso de rotura o avería en las tuberías flexibles de conexión.
   - En el circuito de giro, deberá instalarse un sistema de frenado que amortigüe la parada del movimiento de giro y evite, asimismo, los esfuerzos laterales que accidentalmente pueden producirse.

2. **Cables:** deberán cumplir con las medidas especificadas en las normas UNE 58120-2:1991 y UNE-ISO 4308-1:2007.
3. **Ganchos:** su modo de sujeción, forma y utilización se define en base a la norma UNE 58515:1982. Asimismo, todo gancho debe llevar incorporado el correspondiente cierre de seguridad que impida la salida de los cables.
4. **Contrapesos:** en aquellos casos en que sea necesario el uso de contrapesos, estos estarán constituidos por uno o varios bloques que dispondrán de las fijaciones necesarias.

5. **Cabina de mando:**

   - Las cabinas serán cerradas y se instalarán de modo que el operador tenga durante las maniobras el mayor campo de visibilidad posible, tanto en las puertas de acceso como en los laterales y ventanas.

- Las cabinas estarán provistas de accesos fáciles y seguros desde el suelo y en su interior se instalarán diagramas de cargas y alcances, rótulos e indicativos necesarios para la correcta identificación de todos los mandos e iluminación.

6. **Corona de orientación:**

- Será de capacidad suficiente para resistir los esfuerzos producidos por el funcionamiento de la grúa.
- En cualquier caso y siempre que sea posible, deberá asegurarse el acceso de los útiles necesarios para verificar o, en su caso, aplicar los pares de aprietes que correspondan a la calidad de la tornillería establecida por el fabricante de la corona.

7. **Otros elementos de seguridad:**

- Grúas de hasta 80 toneladas o de longitud de pluma con o sin plumín menor o igual de 60 m: final de carrera del órgano de aprehensión, indicador del ángulo de pluma, limitador de cargas.
- Grúas de más de 80 toneladas o de longitud de pluma con o sin plumín mayor de 60 m: final de carrera del órgano de aprehensión, indicador del ángulo de pluma, indicador de carga en ganchos o indicador de momento de cargas, limitador de cargas.

8. Todos los **letreros e indicativos, avisos, instrucciones,** etc., que figuren en las grúas deberán estar redactados al menos en castellano.

Recuerde

Corresponderán al operador de la empresa alquiladora o titular de la grúa las operaciones de montaje y de manejo de esta.

6.6. Maquinaria ligera de obras

Las disposiciones en materia de prevención de riesgos para la maquinaria ligera vienen reguladas en el Real Decreto 1215/1997, de 18 de julio, por el que se establecen las disposiciones mínimas de seguridad y salud para la utilización por los trabajadores de los equipos de trabajo.

En base a este real decreto, se establecen unas disposiciones mínimas generales que serán aplicables a los equipos de trabajo:

1. Los sistemas de accionamiento de los equipos que contengan alguna especificación en materia de seguridad deberán estar claramente visibles e identificables, dispuestos con la adecuada señalización.
2. Los sistemas de mando deberán ser seguros, para lo que se preverán posibles riesgos en cuanto a fallos y condiciones de uso.
3. La puesta en marcha de un equipo solo se podrá efectuar de forma voluntaria, al igual que el accionamiento tras una parada (sea cual fuere la causa de la misma).
4. Cada equipo deberá estar dotado de un sistema de parada total en condiciones de seguridad. Si fuera necesario, también deberán estar dotados de un sistema de parada de emergencia.
5. Cualquier sistema que entrañe riesgo por caídas de objetos o proyecciones deberá estar dotado de las medidas de protección necesarias.
6. En el caso de que entrañen riesgos por emisión de gases o polvo, los equipos de trabajo deberán estar provistos de dispositivos para la captación o extracción de los mismos.
7. De ser necesario para la seguridad o salud de los trabajadores, los equipos de trabajo y sus elementos deberán estar estabilizados por fijación o por otros medios. Los equipos de trabajo cuya utilización prevista requiera que los trabajadores se sitúen sobre ellos, deberán disponer de los medios adecuados para garantizar que el acceso y permanencia en esos equipos no suponga un riesgo para su seguridad y salud.
8. En el caso de que exista riesgo de estallido o rotura de elementos, deberán adoptarse las medidas de protección necesarias.
9. En el caso de que, por la contención de elementos móviles por parte de los equipos, se puedan producir daños por contacto mecánico, los

equipos deberán estar dotados de resguardos o dispositivos que impidan el acceso a zonas peligrosas.

10. Las zonas de trabajo o mantenimiento de los equipos deberán encontrarse en condiciones de luminosidad adecuadas.
11. Cuando las partes de los equipos alcancen temperaturas muy elevadas o muy bajas, deberán protegerse frente al contacto por parte de los trabajadores.
12. Los dispositivos de alarma han de ser perceptibles y comprensibles por parte de los trabajadores.
13. Las fuentes de energía de los equipos deberán ser claramente identificables.
14. El equipo o maquinaria deberá contener las señalizaciones apropiadas.
15. Los equipos de trabajo que se utilicen en condiciones ambientales climatológicas adversas que supongan un riesgo para la seguridad y salud de los trabajadores, deberán estar acondicionados para el trabajo en dichos ambientes y disponer de sistemas de protección adecuados, tales como cabinas u otros elementos.
16. Todos los equipos y máquinas de trabajo deben prevenir el riesgo de explosión.
17. Todos los equipos o maquinaria de trabajo que produzcan ruido o vibraciones deberán disponer de dispositivos que eviten la propagación de los mismos.
18. Los equipos de trabajo para el almacenamiento, trasiego o tratamiento de líquidos corrosivos o a alta temperatura deberán disponer de las protecciones adecuadas para evitar el contacto accidental de los trabajadores con los mismos.

Recuerde

Cada equipo deberá estar dotado de un sistema de parada total en condiciones de seguridad. Si fuera necesario, también deberán estar dotados de un sistema de parada de emergencia.

En este real decreto, se especifican también una serie de medidas mínimas para los dispositivos de trabajo móviles:

1. Los equipos de trabajo móviles con trabajadores transportados deberán adaptarse de manera que se reduzcan los riesgos para el trabajador o trabajadores durante el desplazamiento.
2. Cuando el bloqueo imprevisto de los elementos de transmisión de energía entre un equipo de trabajo móvil y sus accesorios o remolques pueda ocasionar riesgos específicos, dicho equipo deberá ser equipado o adaptado de modo que se impida dicho bloqueo.
3. Deberán preverse medios de fijación de los elementos de transmisión de energía entre equipos de trabajo móviles cuando exista el riesgo de que dichos elementos se atasquen o deterioren al arrastrarse por el suelo.
4. En los equipos de trabajo móviles con trabajadores transportados, se deberán limitar, en las condiciones efectivas de uso, los riesgos provocados por una inclinación o por un vuelco del equipo de trabajo.

6.7. Deslizamientos, desprendimientos y contenciones

Las medidas preventivas sobre deslizamientos, desprendimientos y contenciones se encuentran recogidas en el Real Decreto 1627/1997, de 24 de octubre, por el que se establecen las disposiciones mínimas de seguridad y salud en las obras de construcción.

La medida fundamental frente a deslizamientos, desprendimientos y contenciones la constituyen las entibaciones. Las entibaciones, como ya se ha visto, constituyen una medida preventiva de protección colectiva.

De forma general, en las entibaciones se tomarán las siguientes medidas de seguridad:

1. En primer lugar, siempre se habrá de realizar un estudio previo del terreno para conocer la estabilidad del mismo.
2. Se calcularán amplios márgenes de seguridad con respecto a las pendientes o tajos, que pudiesen resultar de las excavaciones. Los terrenos

se disgregan y pueden perder su cohesión bajo la acción de los elementos atmosféricos, tales como la humedad, sequedad, hielo o deshielo, dando lugar a hundimientos.

3. La entibación debe ser dimensionada para las cargas máximas previsibles en las condiciones más desfavorables.
4. Las entibaciones han de ser revisadas al comenzar la jornada de trabajo. Se extremarán estas prevenciones después de interrupciones de trabajo de más de un día y/o de alteraciones atmosféricas como lluvias o heladas.
5. Cuando en los trabajos de excavación se emplee maquinaria que suponga una sobrecarga, así como la existencia de tráfico rodado que transmita vibraciones que puedan dar lugar a desprendimientos de tierras en los taludes, se adoptarán las medidas oportunas de refuerzo de entibaciones y balizamiento y señalización de las diferentes zonas.
6. Cuando las excavaciones afecten a construcciones existentes, se hará previamente un estudio en cuanto a la necesidad de apeos en todas las partes interesadas en los trabajos, los cuales podrán ser aislados o de conjunto, según la clase de terreno y forma de desarrollarse la excavación.

   Las entubaciones, se calcularán y ejecutarán de manera que consoliden y sostengan las zonas afectadas directamente, sin alterar las condiciones de estabilidad del resto de la construcción.
7. En general, las entibaciones o parte de estas se quitarán solo cuando dejen de ser necesarias y por franjas horizontales, comenzando por la parte inferior del corte.
8. En zanjas de profundidad mayor de 1,30 m, siempre que haya operarios trabajando en su interior, se mantendrá uno de retén en el exterior, que podrá actuar como ayudante de trabajo y dará la alarma caso de producirse alguna emergencia.
9. En la obra, se dispondrá de palancas, cuñas, barras, puntales, tablones, etcétera, que no se utilizarán para la entibación y se reservarán como equipo de salvamento.
10. Si en las excavaciones surgiera cualquier anomalía no prevista, se comunicará a la dirección técnica. Provisionalmente, el contratista adoptará las medidas que estime necesarias.

Aplicación práctica

Se encuentra trabajando en una zanja que está protegida con una entibación ¿Qué medidas de seguridad deberá tomar? ¿Qué equipos de protección individual deberá llevar colocados?

SOLUCIÓN

Se deberán revisar las sujeciones de las entibaciones antes de empezar la jornada de trabajo. Si la profundidad de la zanja es mayor a 1,30 m, se colocará un trabajador fuera de la zanja que servirá de ayuda en los trabajos y estará alerta ante cualquier posible riesgo.

Se deberán llevar colocados los equipos necesarios en función del trabajo o equipo que se esté realizando en la zanja. En todo caso, se deberá llevar ropa de seguridad que asegure la visibilidad del trabajador, mascarilla de seguridad para evitar la respiración de polvo y botas de seguridad, que, en el caso de que la zanja contenga agua, deberán ser de un material aislante.

7. Resumen

A lo largo de este capítulo, se han analizado fundamentalmente aquellos reales decretos y normas relativos a la prevención de riesgos laborales. Con ello, se ha pretendido visualizar de forma general cómo son los procedimientos y medidas de seguridad que se han de tomar antes de iniciar cualquier trabajo relacionado con las labores auxiliares de obra, así como los aspectos generales de la prevención en el uso de maquinaria y equipos.

Asimismo, se han descrito los procedimientos de primeros auxilios para los accidentes más comunes en las obras de construcción, haciendo hincapié en la formación de los trabajadores a este respecto, ya que una rápida intervención puede salvar vidas.

De igual forma, se han repasado las medidas de protección colectiva y los equipos de protección individual, recordando que estos últimos son supletorios de las primeras y que es responsabilidad del empresario facilitar ambos.

Por último, se han detallado las medidas de prevención de riesgos laborales en la utilización de equipos y herramientas de:

- Manipulación de materiales.
- Señalización y vallado.
- Instalaciones y equipos eléctricos.
- Andamios, plataformas y escaleras.
- Maquinillos, montacargas, grúas y cintas transportadoras.
- Maquinaria ligera.
- Deslizamientos, desprendimientos y contenciones.

Ejercicios de repaso y autoevaluación

1. **El objetivo de la Ley 31/1995, de 8 de noviembre, de Prevención de Riesgos Laborales es:**

    a. Promover la seguridad y salud de los trabajadores de las obras de construcción.
    b. Promover la seguridad y la salud de los trabajadores sea cual sea su ámbito o lugar de trabajo.
    c. Promover la seguridad y salud de las personas estén o no trabajando.
    d. Promover la seguridad en trabajos en altura.

2. **¿Cuál es el real decreto que rige las normas mínimas de seguridad y salud en obras de construcción?**

____
____
____
____

3. **Complete el siguiente texto.**

La Ley General de la __________ Social define accidente de trabajo como: toda ______ ______ que el trabajador sufra con ocasión o por consecuencia del trabajo que ejecute por cuenta __________.

4. **¿Cuáles son los tipos de accidentes que se pueden producir en construcción?**

____
____
____
____

5. **El objetivo de los primeros auxilios es:**

   a. Detener y revertir el daño ocasionado.
   b. Detener y prevenir el daño ocasionado.
   c. Detener las posibles hemorragias.
   d. Prestar atención especializada a los accidentados.

6. **¿Cuál de los siguientes no es uno de los elementos que deben contener como mínimo los botiquines?**

   a. Pinza.
   b. Manta.
   c. Ácido salicílico.
   d. Ibuprofeno.

7. **¿Qué significan las siglas PAS?**

8. **Complete el siguiente cuadro con el nombre de los equipos de protección individual.**

Equipo de protección	Imagen

Continúa en página siguiente >>

<< Viene de página anterior

Equipo de protección	Imagen

	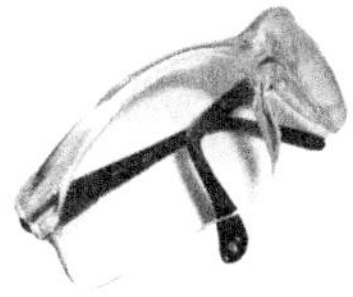

	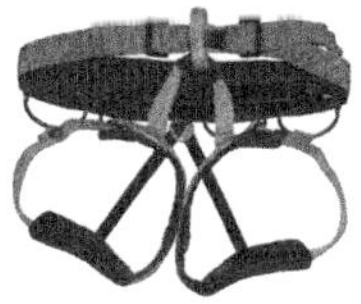

9. **¿Cuál es el real decreto que rige las medidas de protección en la manipulación manual de materiales?**

10. **Las señales gestuales consisten en...**

    a. ... una señal sonora codificada, emitida y difundida por medio de un dispositivo apropiado, sin intervención de voz humana o sintética.
    b. ... un mensaje verbal predeterminado, en el que se utiliza voz humana o artificial.
    c. ... un movimiento o disposición de los brazos o de las manos en forma codificada para guiar a las personas que estén realizando maniobras que constituyan un riesgo o peligro para los trabajadores.
    d. Todas las opciones son incorrectas.

Bibliografía

Monografías

- *Revista Seguridad y Salud en el Trabajo, Num. 118.* Madrid: Instituto Nacional de Seguridad y Salud en el trabajo, 2024.

Legislación

- Ley 7/2022, de 8 de abril, de residuos y suelos contaminados para una economía circular.

- Ley 31/1995, de 8 de noviembre, de Prevención de Riesgos Laborales.

- Real Decreto 105/2008, de 1 de febrero, por el que se regula la producción y gestión de los residuos de construcción y demolición.

- Real Decreto 39/1997, de 17 de enero, por el que se aprueba el Reglamento de los servicios de prevención.

- Real Decreto 837/2003, de 27 de junio, por el que se aprueba el nuevo texto modificado y refundido de la Instrucción técnica complementaria MIE-AEM-4 del Reglamento de aparatos de elevación y manutención, referente a grúas móviles autopropulsadas.

- Real Decreto 842/2002, de 2 de agosto, por el que se aprueba el Reglamento electrotécnico para baja tensión. Guías técnicas ITC-BT-33 y ITC-BT-24.

- Real Decreto 1627/1997, de 24 de octubre, por el que se establecen las disposiciones mínimas de seguridad y salud en las obras de construcción.
- Real Decreto 1215/1997, de 18 de julio, por el que se establecen las disposiciones mínimas de seguridad y salud para la utilización por los trabajadores de los equipos de trabajo.
- Real Decreto 773/1997, de 30 de mayo, sobre disposiciones mínimas de seguridad y salud relativas a la utilización por los trabajadores de equipos de protección individual.
- Real Decreto 485/1997, de 14 de abril, sobre disposiciones mínimas en materia de señalización de seguridad y salud en el trabajo.
- Real Decreto 486/1997, de 14 de abril, por el que se establecen las disposiciones mínimas de seguridad y salud en los lugares de trabajo.
- Real Decreto 487/1997, de 14 de abril, sobre disposiciones mínimas de seguridad y salud relativas a la manipulación manual de cargas que entrañe riesgos, en particular dorsolumbares, para los trabajadores.

Textos electrónicos, bases de datos y programas informáticos

- Instituto Nacional de Seguridad y Salud en el Trabajo: Informes anuales de accidentes de trabajo, de: https://www.insst.es/el-observatorio/estadisticas/informes-anuales-de-accidentes-de-trabajo
- Código Técnico de Edificación, de: https://www.codigotecnico.org/.
- Instituto Nacional de Seguridad y Salud en el Trabajo: Notas técnicas de prevención, de: https://www.insst.es/ntp-notas-tecnicas-de-prevencion.